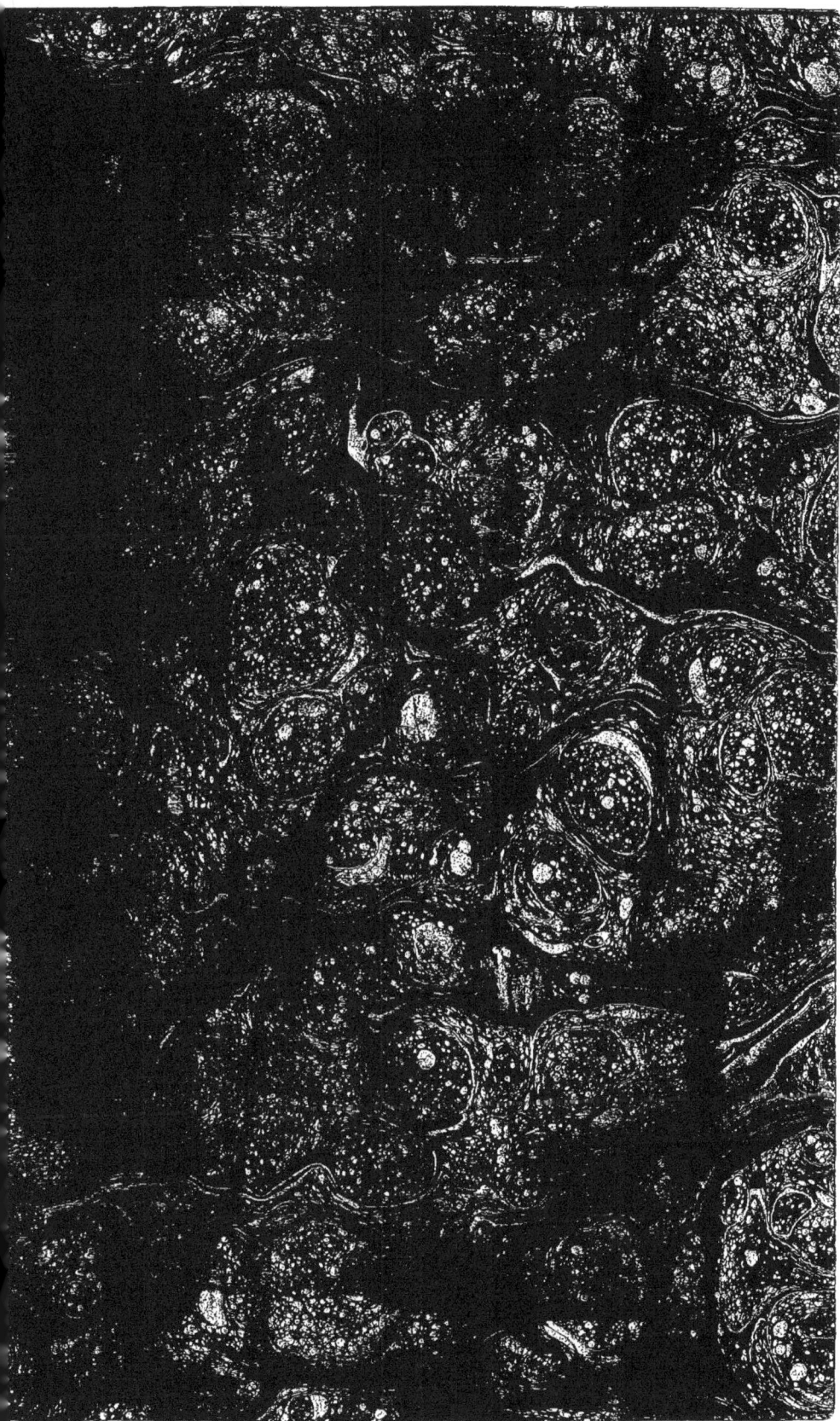

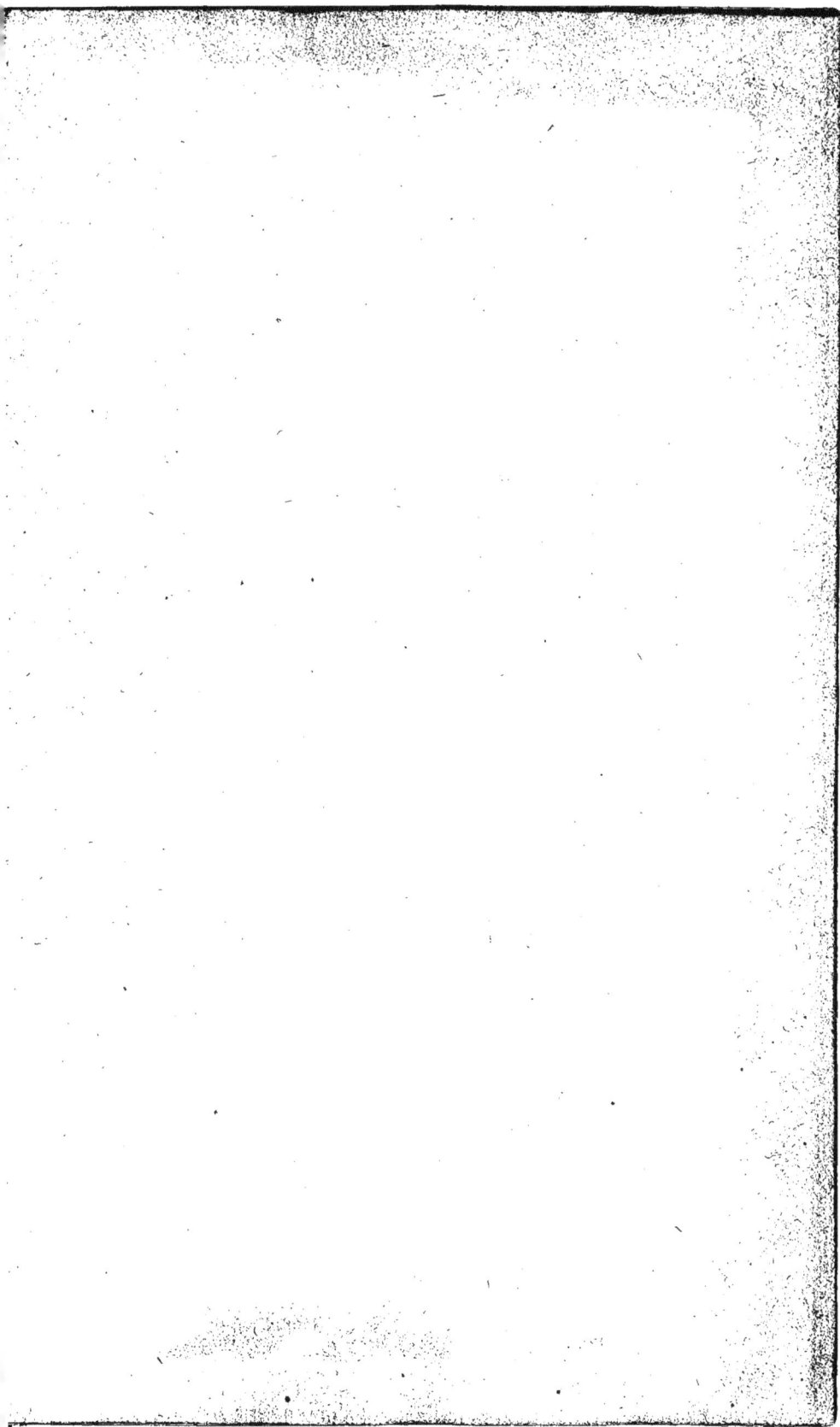

HISTOIRE NATURELLE
DES COLIBRIS,

SUIVIE

D'UN SUPPLÉMENT

A L'HISTOIRE NATURELLE

DES OISEAUX-MOUCHES.

PARIS. — IMPRIMERIE DE RIGNOUX,
RUE DES FRANCS-BOURGEOIS-S-MICHEL, N° 8.

HISTOIRE NATURELLE
DES COLIBRIS,

SUIVIE

D'UN SUPPLÉMENT

A L'HISTOIRE NATURELLE

DES

OISEAUX-MOUCHES;

OUVRAGE ORNÉ DE PLANCHES
DESSINÉES ET GRAVÉES PAR LES MEILLEURS ARTISTES,

ET DÉDIÉ

A M. le Baron Cuvier.

PAR R. P. LESSON.

Lorsque le grand esprit Tezcatlipoca ordonna que les eaux se retirassent, Tezpi fit sortir de sa barque un vautour, le Zopilote (*Vultur aura*); l'oiseau qui se nourrit de chair morte ne revint pas, à cause du grand nombre de cadavres dont était jonchée la terre, récemment desséchée. Tezpi envoya d'autres oiseaux, parmi lesquels le Colibri seul revint en tenant dans son bec un rameau garni de feuilles; alors Tezpi voyant que le sol commençait à se couvrir d'une verdure nouvelle, quitta sa barque près de la montagne de Colhuacan. (De Humboldt, *Vues des Cordilières*, p. 227)

PARIS.

ARTHUS BERTRAND, LIBRAIRE,

ÉDITEUR DU VOYAGE AUTOUR DU MONDE DU CAPITAINE DUPERREY,
RUE HAUTEFEUILLE, N° 23.

A Monsieur

Le Baron Cuvier,

Grand-Officier de la Légion-d'Honneur, Conseiller d'État et au Conseil de l'Instruction publique, l'un des Quarante de l'Académie française, Secrétaire perpétuel de l'Académie des sciences, Professeur-Administrateur du Muséum national d'Histoire naturelle, Professeur d'Anatomie comparée au Collège de France, Membre des Académies et Sociétés royales des sciences de Londres, de Berlin, de Pétersbourg, de Stockholm, d'Edimbourg, de Copenhague, de Gottingue, de Turin, de Bavière, de Modène, des Pays-Bas, de Calcutta, de la Société Linnéenne de Londres, etc. etc.

Au célèbre Auteur de l'Anatomie comparée, du Règne animal, des Ossemens fossiles, des Révolutions du globe, et de l'Histoire des Poissons, etc.

R. P. LESSON.

PRÉFACE DE L'AUTEUR.

L'ouvrage que nous offrons aux amateurs est la suite obligée de notre *Histoire naturelle des oiseaux-mouches*. Les colibris, en effet, n'ont point de caractères génériques qui leur soient propres; et les naturalistes comprennent les uns et les autres sous le nom de *Trochilus*, universellement sanctionné par l'usage dans nos livres classiques.

Le succès de notre *Histoire naturelle des oiseaux-mouches* a de beaucoup dépassé les prévisions de l'éditeur, et les exemplaires en ont été vivement recherchés à l'étranger, et surtout en Angleterre et en Allemagne. Un grand nombre de journaux scientifiques ou littéraires en ont parlé avec une bienveillance [1] dont nous sommes reconnaissans : quelques autres, plus spécialement consacrés par leur titre à l'examen des publications journalières sur les sciences naturelles, ont affecté de la passer sous silence. Les éloges que nous n'avons jamais sollicités nous ont fait plaisir par le désintéressement des auteurs des articles qui nous concernent; et, quant aux cri-

[1] Entre autres le *Journal de la cour de Londres*, dans son n° du 16 janvier 1830.

tiques de détails, elles pourraient s'exercer avec fondement sur plusieurs points, que nous indiquerions volontiers nous-mêmes à ceux qui seraient disposés à se livrer à un examen que la matière au reste est à nos yeux loin de comporter.

En classant les oiseaux-mouches conservés dans les collections de Paris, nous avions cru pouvoir renfermer en soixante planches toutes les espèces que nous avions sous les yeux. Vers la moitié de notre travail, les communications obligeantes qui nous furent faites exigèrent une augmentation de cinq livraisons en sus du nombre promis. Notre dix-septième et dernière livraison avait à peine vu le jour, que de toutes parts les amateurs et les collecteurs dont l'attention avait été éveillée, nous adressaient des espèces nouvelles ou non figurées, ou bien des oiseaux-mouches, déjà connus sans doute, mais revêtus d'un plumage tout différent de celui sous lequel on les rencontre le plus habituellement.

Sous ce rapport, il nous a fallu donner un Supplément aux oiseaux-mouches, et, telle est la variété et la richesse infinie de la nature en ce genre, qu'une année ne s'écoulera pas sans que des découvertes ne viennent encore nécessiter de nouveaux fascicules à tous ceux que nous avons donnés et que nous donnons en ce moment. Dans notre Supplément, on sera étonné en effet de la

richesse et de l'éclat de certaines espèces que
nous ferons connaître aux amateurs pour la première fois.

Le nombre des colibris ne s'est point accru
dans les mêmes rapports que les oiseaux-mouches ; car aux treize espèces vraies qu'on peut
admettre, nous n'en ajouterons qu'une quator-
zième. Ce n'est pas que les auteurs systématiques
n'en décrivent un plus grand nombre, mais la
plupart de celles qu'ils peignent vaguement,
ou d'après les écrits de Séba, de Fernandez, de
Klein, de Brisson même, ne sont que les âges
divers d'une même espèce, ou des oiseaux qui ne
sont pas des colibris.

Cette histoire naturelle a été pour nous une
source de jouissances pures. Elle a servi de dé-
lassement à des études plus sérieuses, et, bien
qu'elle ne paraisse à de graves esprits qu'une
œuvre futile et légère, nous serons amplement
dédommagés des heures que nous lui aurons
consacrées si les amateurs peuvent y puiser des
distractions douces et utiles. Par suite, nous ne
tairons pas non plus que le genre *Trochilus* est
à nos yeux un des plus embrouillés et des plus
difficiles de toute l'ornithologie, et qu'il n'est pas
aussi aisé qu'on pourrait le croire au premier aspect, d'en distinguer les espèces et d'en éclaircir
la synonymie.

Peu d'auteurs ont ajouté au catalogue des espèces connues un plus grand nombre de nouvelles que nous ne l'avons fait. Cette circonstance tient à ce que plusieurs savans et amateurs ont bien voulu mettre à notre disposition les oiseaux de leurs collections. Ainsi, grâce à MM. Geoffroy Saint-Hilaire père et fils, nous aurons figuré les colibris et les oiseaux-mouches du Muséum : nous sommes redevables à la bienveillance de M. le duc de Rivoli d'avoir pu décrire et faire peindre ceux de sa riche galerie, si généreusement mise à la disposition des naturalistes. D'autres secours nous ont été accordés par les communications du prince de Wied, de MM. Audenet, de Longuemard, etc. Mais nous ne saurions taire les facilités que nous ont procurées les collections de MM. Florent Prévost, Canivet, Verreaux, Dupont, Gui, par le grand nombre d'individus qu'elles nous ont permis de publier et d'étudier.

HISTOIRE NATURELLE

COLIBRIS.

Ramassés dans leurs formes, robustes dans les proportions qui leur furent départies, les colibris ne se distinguent nettement des oiseaux-mouches que par un bec fléchi en demi-cercle dans toute sa longueur. Cependant ce bec, si notablement arqué, plus fort proportionnellement, se trouve toutefois recourbé chez un grand nombre d'oiseaux-mouches, qui établissent ainsi le passage d'une tribu à l'autre. Aucun caractère positif, aucun détail d'organisation tranchée ne sert donc à isoler les colibris des oiseaux-mouches, et, sous ce rapport, leur distinction nominale ne repose que sur l'habitude et sur des nuances que l'œil apprécie plutôt que l'intelligence, et qu'il est presque impossible d'exprimer par des mots. Dans le genre *Trochilus* on ne doit raisonnablement reconnaître que trois races, qui seraient les *Ornismyes,* les *Ramphodons,* et les vrais *Colibris.*

Les anciennes relations de voyageurs réunissent, sous le même nom, les colibris et les oiseaux-mouches; et comme elles les décrivent en quelques lignes, et seulement sous le rapport de leurs riches vestitures, il en résulte qu'on ne peut le plus souvent savoir de quelles espèces leurs auteurs veulent parler. D'ailleurs on les confond en outre fréquemment avec les Sucriers ou Souï-Mangas de l'Ancien-Monde, et il n'est pas rare de lire dans des Voyages aux Indes, aux Moluques ou sur les côtes d'Afrique, l'indication de colibris, lorsqu'il est positivement démontré que leur race ne quitte point la région intertropicale du Nouveau-Monde. Sous ce rapport la patrie de ces volatiles est bien plus restreinte que celle des oiseaux-mouches, que nous avons vus se répandre par des latitudes assez froides, soit dans l'hémisphère nord, soit dans l'hémisphère sud, puisque, par exemple, le Rubis vit aux États-Unis, et le Sasin sur la côte N. O.

Ainsi les narrations de Thevet, de Labat, de Jean de Léry, de Rochefort, de Fermin et de Bancroft, parlent indifféremment de colibris ou d'oiseaux-mouches sans désigner les espèces dont on peut plutôt soupçonner l'identité avec celles dont nous possédons des descriptions exactes qu'on n'a les moyens de l'affirmer.

Le mot français colibri est pris de la langue

des Caraïbes, au dire de Buffon. Ce nom, qu'on trouve écrit dans les vieilles relations, *colibri* ou *colubri*, nous paraît plutôt dériver du vieux français *col brillant*, par rapport aux belles plaques chatoyantes de la gorge, travesti en langage créole des nègres des îles, à moins qu'on ne préfère y voir un diminutif du mot latin *coluber*, exprimant l'inconstance des reflets dont brille leur plumage.

Dans quelques cantons du Brésil, les colibris portaient anciennement, chez les naturels, le nom de *Guainumbi*, et celui de *Hoitzitzil* chez les Mexicains, ou *Hoitzitzillin*, ainsi que l'écrit Fernandez. Mais ces dénominations appartiennent aussi aux oiseaux-mouches. Les divers noms qu'on trouve mentionnés dans l'indigeste compilation de Séba ne méritent point qu'on les adopte sans discussion, et cet auteur est le seul qui ait cité les *Yayauhquitototl*, les *Tsioei*, les *Kakopit* ou petits rois des fleurs, comme synonymes de colibris; et il en résulte que ces noms appartiennent à des Cinnyris ou même à d'autres oiseaux. Quant aux créoles espagnols ou portugais d'Amérique, ils leur ont transporté la dénomination de *Bec-fleurs* ou de *Picaflores*, de même que les Anglais leur donnent celle de *Humming-birds*, ou d'*Oiseaux-Mouches*.

Klein appliquait aux colibris le nom scientifi-

1.

que de *Falcinellus*, Brisson choisit ceux de *Mellisuga* ou *Suce-fleurs*, de *Polythmus*, que Linné changea très abusivement en celui de *Trochilus*. Hérodote, en effet, donnait ce dernier nom à un oiseau des bords du Nil, qui va chercher dans la gueule même du crocodile les sangsues qui s'y attachent. Or, M. Geoffroy Saint-Hilaire a prouvé que ce *Trochilus* était le *Saq-saq* des Arabes ou la *Charadrius ægyptius* d'Hasselsquist, très voisin du petit *Pluvier* à collier de nos rivages. Qu'y a-t-il de commun entre un oiseau riverain et le colibri, si preste dans ses mouvemens, si gracieux dans ses formes, si pompeux dans ses habits, et qui ne quitte point la Zone torridienne?

Buffon, en généralisant ses idées sur les colibris, s'exprime ainsi : « La nature, en prodiguant tant de beautés à l'oiseau-mouche n'a pas oublié le colibri, son voisin et son proche parent. Elle l'a produit dans le même climat et formé sur le même modèle : aussi brillant, aussi léger que l'oiseau-mouche, et vivant comme lui sur les fleurs, le colibri est paré de même de tout ce que les plus riches couleurs ont d'éclatant, de moelleux, de suave; et ce que nous avons dit de la beauté de l'oiseau-mouche, de sa vivacité, de son vol bourdonnant et rapide, de sa constance à visiter les fleurs, de sa manière de nicher et de vivre, doit s'appliquer également au colibri : un même instinct anime ces deux charmans oiseaux ; comme ils se ressemblent presque en tout, souvent on les a confondus sous un même nom, et Marcgrave ne distingue pas les colibris des oiseaux-mouches, et les appelle indifféremment du nom brésilien *Guainumbi.* »

La plupart des auteurs attribuaient aux colibris une taille plus forte qu'aux oiseaux-mouches, et le bec recourbé en arc, tandis qu'il est droit et un peu renflé à la pointe chez ces derniers. Mais combien d'oiseaux-mouches, tels que le Barbe-bleu, l'Hirondelle et autres, présentent une légère courbure de leur rostre, en même temps que de véritables ornismyes sont venus protester par leur grande taille, entre autres le Patagon, de l'incertitude qui doit régner lorsqu'on veut tenter une démarcation que la nature a laissée indécise! Cependant, élargi à la base et convexe, le bec d'un colibri s'amincit graduellement pour se terminer en une pointe lisse, et, toutes choses égales, il est toujours plus robuste, plus fort que celui d'un oiseau-mouche. Enfin, les colibris ont les membres plus courts, plus ramassés, les ailes plus larges et plus longues que celles des oiseaux-mouches, et par l'ensemble de leurs formes corporelles, c'est le même type modifié seulement par quelques nuances légères.

Une seule tribu paraît nettement circonscrite ;
c'est celle des Campyloptères, dont les tiges des
rémiges sont aplaties, très larges et creusées en
sillon, dans leur portion moyenne.

Deux formes seulement sont propres aux colibris. Aucun d'eux ne présente, comme on l'observe chez les oiseaux-mouches, de ces parures
accessoires placées sur la tête et le cou et qui
sont disposées en aigrettes, en huppes, en hausse-
cols, aussi légers qu'admirables par leur éclat.
Une plus grande uniformité préside aussi à la
disposition des rectrices ; la queue, légèrement
étagée et cunéiforme, est débordée par les longs
et minces prolongemens des deux plumes moyennes, ou bien la queue conserve, dans sa médiocre
longueur, une disposition légèrement fourchue,
ou le plus souvent rectiligne ou un peu arrondie.

Les colibris à longs brins, quel que soit l'éclat
de leur livrée ou la modestie des couleurs qui la
teignent, ont cela de particulier de porter un
plumage rouge de rubis, ou vert-doré en dessus,
mais d'avoir, soit du rouge, soit du roux, ou du
gris roussâtre en dessous, tandis que toutes les autres espèces, le Ramphodon et le simple exceptés,
ont le plumage vert, vert-noir, avec du vert émeraude ou du noir séricéeux dans leur vestiture.

Nous savons que les oiseaux-mouches vivent
en grand nombre dans les forêts du Brésil, de la

la Guiane et dans la partie septentrionale du Paraguay Ces trois contrées, et notamment les îles Antilles, sont aussi la patrie des colibris. Mais, un fait très remarquable et qui nous paraît des plus positifs, c'est que les colibris semblent impérieusement réclamer, par leur constitution, la vive chaleur de la zone Torride qu'ils ne quittent jamais, tandis que les oiseaux-mouches, en apparence moins robustes, ne craignent point de s'aventurer par des latitudes refroidies, soit dans les États-Unis, soit dans la Nouvelle-Écosse et à la côte N. O., soit au Chili et dans la Patagonie. MM. Schiede et Deppe [1], en s'élevant sur le mont Orizabaza, trouvèrent encore des oiseaux-mouches butinant sur les fleurs orangées des Castillias, à dix mille pieds au dessus du niveau de la mer, mais aucun voyageur n'indique des colibris au delà des Tropiques; et, quant à ceux décrits par d'Azzara, il se pourrait que ce fussent de grands Campyloptères, ainsi que nous le soupçonnons avec quelque fondement. On doit à M. Bertéro, botaniste très connu, collecteur d'une rare intrépidité, qui, nouveau Robinson, est resté volontairement dans l'île de Juan Fernandez pour y recueillir les végétaux qui en composent la flore, de savoir

---

[1] *Edimb. philosophical Journal*, octobre 1829, p. 203.

que trois oiseaux-mouches vivaient sur cette petite île isolée, rendue à jamais célèbre par le
roman de Foë. Une de ces trois espèces est ad-
mirable, dit M. Bertéro; or, cette particularité,
si neuve, prouve complètement l'identité de
création de Juan Fernandez avec celle du Chili,
dont cette île est distante de 120 lieues, en même
temps que les oiseaux-mouches rappellent sur ce
point un type de volatile si commun dans les
îles du golfe du Mexique et qui s'est maintenu
dans toutes les îles Antilles. Le Chili, le Pérou,
la Californie et le Mexique ont rivalisé dans ces
derniers temps par les espèces qu'ils nous ont
envoyées, et tout porte à croire que nous en re-
cevrons encore un grand nombre de complètement inconnues; mais de tous les envois de ces
contrées si neuves, jamais nous n'avons vu une
seule dépouille de colibri. Cette race serait-elle
donc confinée sur cette portion de l'Amérique
chaude que baigne l'océan Atlantique? C'est du
Brésil, c'est de la Guiane, mais principalement
de Saint-Domingue, de Porto-Rico, de la Jamaïque, que proviennent les espèces que nous
aurons à faire connaître.

La parure des colibris est analogue à celle des
oiseaux-mouches; c'est le même luxe de plumage, c'est la même richesse dans les habits.
Qu'il serait difficile de remonter à la source de

ces vives couleurs! que la cause de ces teintes chatoyantes, de ces reflets d'émeraude, de ce grenat scintillant au jour, de ce bleu de saphir s'irisant en pourpre, en bleu céleste ou en noir, serait embarassante pour ceux qui visent à expliquer les phénomènes de cette nature féconde, mère commune de tous les êtres! Dirons-nous, avec certains physiologistes, que les matériaux de cet éclat métallique sont transportés dans le sang et élaborés à la surface du derme, pour ces corps accessoires du système cutané, nommés *plumes?* ou plutôt, nous bornant à la théorie de la polarisation de la lumière, trouverons-nous l'explication vraie et unique de ce phénomène dans la texture propre de ces mêmes plumes, dont les barbules sont creusées en un sillon concave, dont les facettes multiples renvoient, sous mille incidences, les rayons lumineux? Cette dernière opinion est généralement admise; c'est du moins celle qui satisfait le mieux la raison, tout en expliquant le phénomène, sans dire pourquoi brille plutôt telle couleur que telle autre, et comment il se peut que le même moyen produise une aussi grande variété d'effets.

Toutes les épithètes du vocabulaire des gemmes et des métaux précieux, prodiguées aux oiseaux-mouches, l'ont été également aux coli-

bris. Il est de fait que le vert doré ou cuivré,
qui le plus souvent colore leur vestiture, est
encore embelli par la richesse du vert émeraude
qui scintille sur la gorge, ou par le rubis et le
grenat qui l'entourent d'un hausse-col pompeux,
ou bien se confond avec le noir de velours ou
le bleu azur, qui règnent sur la gorge et sur la
poitrine. Parfois du roux gracieusement har-
monié avec le vert doré, s'étend ou sous le corps
ou entoure le cou. Parfois enfin, la livrée entière
est celle d'un rubis teint d'orange, orné de topaze encadrée d'or, resplendissant de tous les
feux du soleil.

Les membres robustes des colibris aident singulièrement l'extrême activité de leur vie tout
aërienne. Rarement fixés sur les branches des
arbres, presque toujours volant avec la rapidité
d'un éclair qui jaillit; voletant en d'autres circonstances, et frappant si vivement l'air, qu'ils
paraissent immobiles devant la fleur dont ils
effeuillent les pétales; leur locomotion dans l'air
est favorisée par des rémiges primaires très
longues, très solides, qui donnent à leurs ailes cette disposition mince, dolabriforme, si
puissante pour le vol de longue haleine, car
cette organisation est aussi celle des Martinets.
Or, les colibris semblent être presque toujours
en mouvement; et lorsqu'ils se livrent au repos

ce n'est jamais qu'à de courts intervalles. La nourriture des colibris consiste presque exclusivement en très petits insectes, qu'ils vont saisir, à l'aide de leur long bec recourbé, au fond des corolles, où le suc miellé les attire. C'est surtout dans les cloches des fleurs de bignones, de banistères, ou dans les calices des mélastômes, etc. qu'ils font d'abondantes récoltes. Leur langue tubuleuse, très extensible et terminée par deux lames disposées en pincettes, arrête avec une extrême facilité les petites mouches, les petites chenilles, qu'ils semblent rechercher de préférence. Le genre de nourriture des colibris ne paraît pas aujourd'hui devoir être mis en doute. Badier, le premier, affirma, en 1778, avoir trouvé dans leur gésier des insectes, et notamment des araignées. Beaucoup d'écrivains nièrent ce fait, et persistèrent à croire que les colibris et les oiseaux-mouches se nourrissaient exclusivement du miellat qu'ils puisaient au fond des corolles. Mais des voyageurs modernes ont définitivement prouvé que ces petits et gracieux oiseaux étaient insectivores ou entomophages.

Les colibris sont parfois solitaires, ou parfois réunis en grand nombre sur les arbres en fleurs qui les attirent. C'est alors qu'ils imitent parfaitement un essaim de guêpes bourdonnantes se croisant en tous sens, se dirigeant vers une fleur, la quittant aussitôt, se jetant à droite, à gauche, par saccades aussi vives que brusques et sans mesure. Le plus souvent les colibris s'effraient au moindre bruit, à la vue d'un objet inaccoutumé qui vient frapper leur vue perçante. D'autres fois ils se lancent étourdiment dans les piéges qu'on leur tend, et souvent nous en avons vu venir presque nous heurter dans les halliers où nous les guettions. Dans la campagne ils volent au hasard et sans but arrêté; mais, dans les forêts, il est bien rare que leur rendez-vous ne soit pas quelque oranger ou quelque érythrina épanouis.

Les colibris paraissent très ardens en amour. Ils poursuivent leur femelle en poussant des petits cris aigus, et il paraît que celle-ci fait deux pontes dans l'année. Leur nid, tissé comme celui des oiseaux-mouches avec la bourre de coton ou la ouatte d'un bombax et d'un asclépias entrelacé de légers brins d'herbes fins et déliés, recouvert de lichens est placé sur la bifurcation de quelque rameau, et collé par la base avec de la gomme. La femelle pond deux œufs blancs d'un volume en rapport avec la taille de l'oiseau : elle les couve de treize à quinze jours, en témoignant le plus vif attachement à ses petits, qu'elle nourrit avec des alimens élaborés et digérés avant d'être dégorgés. Avec des soins minutieux il est possible d'élever en domesticité de jeunes colibris, et de nombreuses tentatives couronnées de succès soit dans les colonies, soit en Angleterre, soit même à Paris, ne permettent point de doutes à cet égard.

Leur chasse se fait par les mêmes procédés que ceux que nous avons assez longuement énumérés dans notre *Histoire naturelle des Oiseaux-Mouches.*

A ces renseignemens rapides, dont nous n'avons été qu'historien, se borne à peu près ce que l'on sait des mœurs et des habitudes des colibris. Ne doit-on pas être étonné que personne, au milieu des générations qui se heurtent et qui se pressent dans les colonies d'Amérique, n'ait éclairci ce point d'histoire naturelle, ainsi que tant d'autres qu'enveloppe une profonde obscurité! Dans ces climats brûlans l'ame et l'esprit énervés par la chaleur, ne sont plus accessibles qu'à ce besoin de jouissances qui abrutit la presque totalité des races humaines. L'or, étant le signe représentatif du bonheur matériel, se trouve être seul but de toutes les ambitions, de toutes les carrières; et de quel intérêt seraient des observations délicates qui charment l'esprit, demandent le calme du cœur et la sérénité de l'imagination, en ne conduisant point aux honneurs et à la fortune!!!

Le seul usage que les peuples, dans l'enfance

de la civilisation, aient cherché à retirer des colibris, a été de mettre en œuvre leurs plumes
brillantes pour en faire des tableaux ou pour en
composer des parures. Mais les Européens, à l'é-
poque où les arcanes mystérieux jouissaient de
lav ogue, crurent que le *Guainumbi* pouvait gué-
rir les rhumatismes : aussi trouve-t-on ce colibri
mentionné dans la *Pharmacopée* de Lémery
comme possédant des propriétés efficaces sous
ce rapport.

L'organisation générale des colibris ne diffère
pas de celle des oiseaux-mouches. Elle présente
d'ailleurs les particularités suivantes :

Le bec est allongé, légèrement recourbé, à dos
convexe, s'amincissant successivement jusqu'à la
pointe; celle de la mandibule supérieure, est recourbée, et l'extrémité de l'inférieure, excessi-
vement aiguë. La première, plus large que la
deuxième qu'elle recouvre, a ses bords roulés en
dedans, le plus ordinairement lisses, et parfois
garnis de dents saillantes assez nombreuses. L'inférieure a ses côtés droits et ses branches séparées
jusqu'au milieu; des plumes petites et serrées
couvrent les fosses nasales, qui semblent se con-
tinuer sur les côtés du bec par une rainure peu
marquée. Les narines sont très petites, peu dis-
cernables, et percées sous un repli membraneux
en fente longitudinale sur le rebord même des plu-

mes frontales. Leur cou est court, leur tête assez grosse, le corps robuste, les ailes en faux, mais plus larges et plus droites que celles des oiseaux-mouches. L'extrémité des ailes atteint l'extrémité de la queue ou la dépasse, excepté chez les espè-ces, qui ont cette partie terminée par deux brins. Les tarses, très courts et très faibles, ont les trois doigts antérieurs presque égaux; l'externe, le plus faible, est intimement soudé au médian. Leurs ongles petits sont très acérés et fortement crochus. De légères scutelles recouvrent les doigts et les tarses, et ceux-ci sont emplumés jusqu'au dessus du talon et parfois jusqu'aux doigts; la plante des pieds est calleuse. Tout indique que ces oiseaux ne marchent jamais sur le sol, et qu'ils se reposent perchés sur les petites branches des arbres. La queue est composée de dix rec-trices, assez raides, à barbes serrées, larges, et sont ou pointues ou arrondies à leur sommet. La queue affecte une forme rectiligne ou lé-gèrement arrondie, et parfois les deux rectrices moyennes s'allongent en rubans minces et traî-nans.

Tout a été sacrifié au vol : aussi l'aile est-elle solidement fixée au corps, et des muscles à ten-dons robustes sont en possession de la mouvoir. Les baguettes des rémiges, aplaties et recourbées, sont d'une rare solidité, et la première surtout

est la plus longue de toutes. Les neuf rémiges
primaires qui suivent la première sont régulièrement étagées; elles se raccourcissent successivement jusqu'aux secondaires; celles-ci, au nombre
de cinq, sont très courtes, tronquées à leur sommet, et toutes de même longueur, de manière
qu'elles paraissent simplement destinées à remplir le vide que fait l'aile à l'épaule en s'é-
ployant. Cette forme particulière de rame aé-
rienne, est reconnue la plus parfaite pour un
vol de longue haleine; et, si l'on ajoute à cela
une queue large mue par un croupion vigoureux,
on se rendra aisément compte de la force que
manifeste un aussi petit corps que celui d'un colibri. Toutes les couvertures soit alaires, soit
caudales, sont très serrées, et toutes les plumes
sont coupées en écailles arrondies, à barbules bi-
barbulées et creusées en facettes. Les abdomi-
nales sont abondamment fournies de duvet, et
sont presque toujours blanches. Comme la langue
des oiseaux-mouches, celle des colibris se compose de deux tubes accolés, jouissant d'une
grande élasticité, que deux branches de l'os
hyoïde disposées en ressort peuvent détendre
en lançant à une certaine distance les deux lames
spatulées qui la terminent. Ces deux lames, bifurcation marquée de l'extrémité de la langue, minces et aplaties, en s'accolant l'une à l'autre,

saisissent l'insecte qui suçait le fond d'une fleur, permettent au tube arrondi et contractile de la langue de l'entrer d'un seul coup dans l'æsophage. Ces lames ont leur bord externe plus épais, servant de support à un feston membraneux, mince, diaphane, garni en dedans de papilles nerveuses très développées, arrangées avec symétrie comme le sont les dents d'un peigne sur leur partie solide. (Consultez l'explication de la pl. XXV, consacrée aux détails anatomiques.)

(PLANCHE Iʳᵉ.)

LE RAMPHODON TACHETÉ.

(RAMPHODON MACULATUM. Less.)

Cet oiseau, découvert au Brésil par M. Delalande fils, a été pendant plusieurs années assez
rare, mais de nombreuses dépouilles sont venues
dans ces derniers temps le multiplier dans les
collections des amateurs de Paris.

Le colibri que nous nommons Ramphodon
a cinq pouces six lignes de longueur totale, et
dans ces dimensions le bec entre pour seize lignes et la queue pour vingt. Les mandibules
sont, la supérieure noire, l'inférieure blanche,
et noirâtre à sa pointe seulement. Les tarses sont
grêlés, blanchâtres ; les doigts seulement sont
très minces, et les ongles assez longs, falciformes. Les ailes, dont les rémiges sont larges, à
tiges consistantes, sont presque aussi longues
que la queue. Celle-ci est large, étoffée, composée de rectrices arrondies au sommet, et les
externes sont moins longues que les moyennes,
ce qui donne à l'ensemble de la queue une disposition faiblement étagée.

Pl. 1.

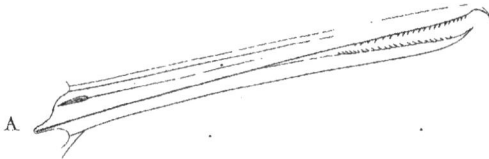

RAMPHODON TACHETÉ, Mâle.

A. Bec grossi.

Publié par Arthus Bertrand.

Prêtre pinx.   Rémond impr=t   Coutant sculp.

Un vert-brunâtre teint le dessus de la tête; ce vert est à reflets rouge-cuivrés sur le dos; mais comme le bord des plumes est cerclé de brun, il en résulte une sorte de disposition écailleuse pour chacune d'elles, plus marquée sur le croupion, où le bord est d'un roux vif. Un sourcil assez large, roux-clair, surmonte l'œil; du brun-noir teint la région oculaire; les côtés des joues et le devant du cou sont recouverts de plumes allongées, d'un roux-marron doré fort éclatant, et sur lequel tranche, au milieu et entre les deux faisceaux, une ligne de petites plumes écailleuses, noires, qui naît sous la mandibule inférieure et descend sur le devant du cou. La poitrine, le haut du ventre et les flancs sont variés de flammèches blanchâtres et noirâtres, longitudinales et larges, qui se teignent de roussâtre sur les flancs et le bas-ventre. Les couvertures inférieures de la queue sont larges, rousses, à flamme noire au centre.

Les épaules sont du même vert-cuivré qui teint le manteau. Les rémiges sont d'un brun pourpré, excepté les plumes secondaires qui sont marquées de blanc à leur extrémité. Les rectrices sont, en dessus, les quatre moyennes, d'un vert-cuivré bronzé fort éclatant, qui passe au pourpre-doré sur la base des plus externes, dont l'extrémité est d'un blond-roux vif et écla-

2.

tant; le dessous est moins doré, mais présente les mêmes dispositions dans la coloration.

Cet oiseau habite les environs de Rio-Janeiro, au Brésil, principalement sur le mont *Corco-Vado*.

Le Ramphodon tacheté a été décrit, pour la première fois, sous le nom de *Trochilus nævius*, par M. Dumont de Sainte-Croix (Dict. sc. nat., tom. x (1818), pag. 55 : plus tard par M. Vieillot (Encyclop. ornith., t. II, p. 548, et Nouv. dict. d'hist. nat., tom. xxviii, pag. 431); Temminck, pl. col. CXX, fig. 3; Drapiez, Dictionn. classique d'hist. nat. (1823), tom. IV, p. 320. Il a aussi été figuré dans la planche IV du tom. 3, inédit des *Oiseaux dorés* de Vieillot. Sa diagnose est la suivante :

Bec noir et blanc; dos vert-cuivré; gorge noirâtre; côtés du cou jaune-buffle; ventre gris, tacheté de noir; queue verte pourprée et rousse en dessus, à rectrices noires sur leur surface supérieure et d'un roux franc en dessous [1].

---

[1] Le sous-genre RAMPHODON, *Ramphodon*, Lesson, pourrait être ainsi caractérisé :

Bec droit, allongé, prismatique; mandibule supérieure légèrement voûtée, épaisse, élargie, à arête vive, terminée en pointe recourbée, aiguë, unciforme; sillon nasal allongé et narines percées en scissure oblique, étroite, au dessous des plumes du capistrum; mandibule inférieure élargie, sillonnée en dessous et terminée par une pointe aiguë, redressée; bords de la mandibule supérieure recouvrant ceux de l'inférieure, et des dents fortes et prononcées vers l'extrémité de chacune d'elles.

Pl. 2.

COLIBRI TOPAZE, Mâle adulte.

Publié par Arthus Bertrand.

Prêtre pinx.   Rémond impres.t   Coutant sculp.

(PL. II.)

LE COLIBRI TOPAZE, MALE [1].

(*TROCHILUS PELLA*. Linné.)

Le colibri Topaze, bien que la plus vulgaire des espèces de la tribu, est cependant une des plus riches par sa parure, une des plus éclatantes par la rare beauté de son plumage. Le feu du rubis, le pourpre du saphir, le jaune translucide et pur de l'opale; des teintes tranchées, des nuances douces et harmoniées, semblent se heurter, se fondre, se combiner pour composer, à cet oiseau, une livrée merveilleuse. « Le colibri « Topaze paraît être, indépendamment de sa « queue, le plus grand dans ce genre, dit Buf- « fon; il en serait aussi le plus beau, si tous ces « oiseaux, brillans par leur beauté, n'en dispu- « taient le prix, et ne semblaient l'emporter tour

[1] Cette espèce aurait pour diagnose les phrases suivantes :

Mâle adulte (pl. II) : rouge de rubis et orangé; gorge topaze chatoyante et or; deux longs brins minces et acuminés.

Variété tapirée (pl. III) : le corps couvert çà et là de plumes blanches.

Jeune mâle (pl. IV) : la gorge et le dessus du corps vert-émeraude : les rectrices allongées manquant.

Femelle (pl. V) : verte; gorge rouge; point de brins. De la Guiane.

« à tour à mesure qu'on les admire. » Quel éclat
ce colibri doit emprunter des lieux qu'il anime,
qu'il vivifie par sa présence. Qu'on se figure en
effet les rayons du soleil frappant sur ce corps
pourpre, qu'un vol rapide emporte comme une
flèche de feu au milieu des larges feuilles en pa-
rasols des canna, dans les guirlandes rameuses
des passiflores ou sur les aigrettes des eugenia
et des poinciades! Il se plaît, dit-on, sur les
rives des fleuves de la Guiane française, où
l'on voit un assez grand nombre pendant l'été;
et là, les individus épars rasant la surface de
l'eau, à la manière des hirondelles, poursuivent les moucherons, qui forment leur pâture,
et vont se reposer sur les petites branches des
arbres environnans ou sur les rameaux dessé-
chés. Parfois ils aiment à se percher sur les tiges
brisées par le vent et que charrient les ondes
mêmes des rivières.

Le colibri Topaze paraît être l'oiseau que
Klein (Avium, n° xv, p. 108) a décrit sous le
nom de *Falcinellus gutture viridi*, et on en
trouve une figure dans les glanures d'Edwards
(pl. XXXIII, p. 559), sous ce titre : *The long tailed Humming-bird*, ou de colibri à longue queue.
Brisson le mentionne (Ornith., tom. III, p. 690)
sous celui de colibri rouge à longue queue de
Surinam. On en trouve aussi une représentation

coloriée dans les planches enluminées de Daubenton et de Buffon (pl. DXCIX, fig. 1 et 2)
et dans les *Miscellanea* de Shaw (pl. DXIII).
C'est le *Trochilus pella* de Linné (esp. 2); de
Latham (Index, esp. 2); d'Audebert (Oiseaux
dorés, tom. 1, pl. II, pag. 15); de Vieillot (Encyclop. ornith., tom. 11, p. 554 et pl. CXXVIII,
feuill. 5); de Lesson (Traité d'ornith., p. 288,
pl. LXXVIII, f. 1); de Dumont de Ste-Croix
(Dict. sc. nat., tom. x, pag. 44); et de Drapiez
(Dict. classiq. d'hist. nat., tom. IV, p. 320). La
description de Buffon (Édit. de Sonnini, t. XVII,
p. 258) est parfaitement exacte.

Le colibri mâle adulte à cinq pouces six lignes
de l'extrémité du bec à la terminaison de la
queue, mais en n'y comprenant point les prolongemens des deux pennes moyennes, qui dépassent les autres rectrices de près de trois pouces.
Le bec est fort, robuste, long de onze à treize
lignes, et entièrement noir; les tarses sont emplumés jusqu'à la naissance des doigts assez
forts, et de couleur jaunâtre, même sur les ongles; les ailes, robustes et larges, atteignent presque la fin des vraies rectrices, et celles-ci,
assez robustes, terminées en pointe à leur sommet, sont légèrement inégales; les deux pennes
moyennes s'allongent pour donner naissance à
deux brins minces, étroits, à bords peu nets,

un peu élargis à l'extrémité, terminés en pointes très caduques : ces brins sont d'un noir violâtre uniforme, et se croisent à leur extrémité, en se recourbant l'un et l'autre en dedans. Cette disposition constante lui a valu des créoles de Cayenne, suivant Sonnini, le nom de *Colibri à queue fourchue.*

Quant aux couleurs qui teignent le plumage de cet oiseau, elles sont aussi variables que le jeu de la lumière qui décompose ses rayons sur les facettes de chaque plume. Vu au jour, sa livrée étincelle du feu du rubis passant au rouge incandescent obscurci. Un noir de velours enveloppe la tête, et sous la gorge chatoie une plaque de velours vert dans l'ombre, de vert d'émeraude, encadrée de noir velours sous les rayons lumineux obliques, et d'un jaune d'or opalin lorsque la lumiere frappe directement.

Mais analysons en détail les beautés caractéristiques de ce colibri.

Les plumes du front, du dessus de la tête, de l'occiput et des joues sont d'une nature douce et séricéeuse, et sont colorées en noir velours à reflets mats et violâtres. Ce noir descend sur le cou et forme en devant une écharpe qui encadre le plastron écailleux de la gorge et de la partie antérieure du cou. Ce plastron, formé de plumes arrondies, embriquées et taillées en écailles, jouit de la translucidité et de la verdeur de l'émeraude ; mais la plus grande partie des écailles centrales possèdent des tons dorés et opalins des plus vifs et des plus brillans.

Le cou, le manteau, les couvertures des ailes, le thorax, l'abdomen et les flancs sont colorés en rouge de feu métallisé et doré d'une manière splendide et étincelante. Ce rouge de feu se dégrade et s'affaiblit sur le dos, où il se mêle au vert-cuivré-rouge doré et émeraudin, qui colore les plumes uropygiales et les couvertures supérieures de la queue. Le milieu du ventre et le pourtour de l'anus sont brun-duveteux ; les plumes tibiales sont d'un blanc pur, et les couvertures inférieures sont amples et d'un vert doré extrêmement frais.

Les rémiges sont d'un brun pourpré, qui est propre à presque toutes les espèces d'oiseaux-mouches, mais les ailes présentent du vert-cuivré-rouge sur les épaules, et les rémiges secondaires tronquées sont d'un marron vif que relève une bordure brun-pourpré, et en dessus une ligne verte dorée.

La queue est diversement peinte, suivant la teinte des rectrices. Les deux moyennes sont d'un vert-doré frais ; les deux latérales qui bordent les premières sont marron à leur naissance et brunes dans leur moitié terminale. Enfin les deux plus externes de chaque côté sont d'un blond léger et partout de nuance également douce.

Le colibri Topaze est certainement l'espèce la plus commune et la plus belle de la tribu des colibris. On le rencontre aux environs de Cayenne, et dans toute la Guiane, d'où il nous est fréquemment expédié pour les collections d'amateurs.

Le mâle, lorsqu'il perd ses deux rectrices allongées, a été décrit comme espèce par Brisson et par Buffon. C'est le colibri violet de Surinam, de l'Enl. DXCIX, f. 2; le *Trochilus violaceus* de Linné (esp. 31), et de Latham (esp. 7), et le *Polythmus Cayanensis violaceus* de l'Ornithologie de Brisson (t. III, p. 683), dont plusieurs traits ont rapport au colibri Grenat.

Pl. 3.

COLIBRI TOPAZE, Variété tapirée.

Publié par Arthus Bertrand.

Prêtre pinx.　　　　　*Rémond impres.*　　　　　*Coutant sculp.*

(Pl. III.)

LE COLIBRI TOPAZE, MALE.

VARIÉTÉ ALBINE.

(*TROCHILUS PELLA*, Linné, Varietas.)

La variété que nous figurons dans cette planche, et l'oiseau-mouche modeste que nous représentons pl. VI du Supplément, sont venus nous offrir deux exemples remarquables d'une tendance à l'albinisme dont les oiseaux à reflets métalliques paraissaient exempts. Cette disposition particulière des plumes à se décolorer et à former des taches blanches ou grisâtres au milieu du plumage, est ce que quelques auteurs ont parfois appelé plumage tapiré. On se rappelle que les perroquets ont souvent leur livrée émaillée de jaune ou de blanc sur un fond vert, et l'on croyait que cette coloration exceptionnelle était produite par les naturels des forêts du Nouveau-Monde, à l'aide d'un procédé qui leur était particulier, et qui consistait à arracher des plumes de l'oiseau et à frotter la surface de la peau dénudée avec le sang d'une rainette américaine, seule propre à amener cette dégénérescence des plumes. Tout porte à croire que ce tapirage n'existe point; que les plumes qui se décolorent sont dues à un état maladif et à un défaut d'énergie dans la sécrétion des matières colorantes du sang, et que, semblables aux cheveux qui blanchissent au milieu d'une chevelure noire et encore dans sa vigueur primitive, ces plumes sont desséchées à leur bulbe et ne tirent plus qu'une nourriture insuffisante jusqu'à leur chute. Sans doute qu'en arrachant les plumes sur le corps de quelques volatiles, et en répétant plusieurs fois ce procédé, qu'il en résulte une inertie ou un affaiblissement des vaisseaux, et que les plumes se décolorent et se panachent, ainsi qu'on le remarque chez la plupart de nos oiseaux de basse-cour, dénaturés ou plutôt modifiés par un défaut d'exercice, une nourriture parfois non appropriée complètement à leur organisation. La tendance à l'albinisme est donc un état maladif du système pileux tégumentaire, que produisent les influences du climat froid, la nourriture et quelques circonstances particulières non encore définies.

Le jeune colibri Topaze à plumage varié de blanc ne diffère de l'adulte que par les teintes moins vives, moins brillantes de son plumage : la gorge est plus franchement verte, le noir de la tête est moins séricéeux, et le rouge du corps tire volontiers sur le rouge briqueté. Des plumes, d'un blanc pur, sans aucune tache, sont éparses au milieu des plumes rouges, et tranchent par leur opposition sur le ventre, le dos, les flancs et le croupion qu'elles émaillent. Les deux brins des pennes moyennes ne sont encore que naissans; à peine ont-ils huit lignes, et leur forme étroite, mince, et leur couleur d'un brun clair, prouvent que l'individu n'avait pas encore pris sa livrée complète.

Cette variété, très remarquable, appartient au musée de Paris, et provient de Cayenne. Elle est figurée pl. VII du tome III, inédit, des *Oiseaux dorés* de Vieillot [1].

[1] Nous citerons plusieurs fois ce troisième tome des *Oiseaux dorés*, dont nous avons eu communication pendant quelques heures, grâce à l'obligeance de M. Florent Prévost. Ce volume manuscrit, grand in-folio, enrichi de vingt-cinq dessins de M. Prêtre, et comprenant trente-cinq descriptions, fut vendu par M. Vieillot à la duchesse de Berry, et ne sera sans doute jamais publié. Peut-être même qu'il n'est plus en France. Nous regardons comme un devoir de citer les espèces figurées par ce laborieux ornithologiste, que la science vient de perdre. n° I, le colibri Lazulite (il est reproduit dans la galerie du même auteur); II, le colibri Arlequin; III, le colibri Brun (c'est notre *Ornismya lugubris*, pl. XXXVIII); IV, le colibri Tacheté (c'est notre *Ramphodon maculatum*); V, le colibri à Collier rouge; VI, le colibri à Cravate; VII, le colibri Topaze, Tacheté; VIII, le Verdor (c'est notre *Ornismya sapho*, pl. XXVII); IX, l'oiseau-mouche bec en scie (c'est l'oiseau-mouche Pétasophore, pl. I); X, l'oiseau-mouche Glaucope; XI, l'oiseau-mouche Rubis-émeraude; XII, l'oiseau-mouche Azuré; XIII, l'oiseau-mouche à gorge blanche; XIV, l'oiseau-mouche Delalande; XV, l'oiseau-mouche Magnifique; XVI, l'oiseau-mouche à oreilles blanches (c'est notre *Ornismya Arsenii*, femelle, pl. XXVII); XVII, l'oi-

scau-monche à queue singulière; XVIII, l'oiseau - mouche à téte
grise; XIX, l'oiseau-mouche Versicolore (c'est un jeune Delalande,
pl. XIX de notre Supplément); XX, le Vert et gris; XXI, l'oiseau-
mouche à longue queue, couleur d'acier bruni; XXII, oiseau-mouche Superbe (c'est notre Natterer, pl. XVI); XXIII, l'oiseau-mouche
Duc; XXIV, l'Améthiste; XXV, l'oiseau-mouche Minulle; XXVI,
l'oiseau-mouche à queue rousse; XXVII, le Quadricolore; XXVIII,
le Chalibée (*Ornismya Vieillotii*, N. pl. LXIV); XXIX, le Langsdorff; XXX, l'oiseau-mouche Mystacin; XXXI, l'oiseau-mouche
Géant; XXXII, l'oiseau-mouche Géant, femelle; XXXIII, l'oiseau-
mouche Jules Verreaux (c'est notre *Ornismya sephanioides*, planche XIV); XXXIV, l'oiseau-mouche Dufresne (c'est l'oiseau-mouche aux huppes d'or, femelle); et XXXV, l'oiseau-mouche Prêtre
(c'est l'oiseau-mouche aux huppes d'or, jeune âge).

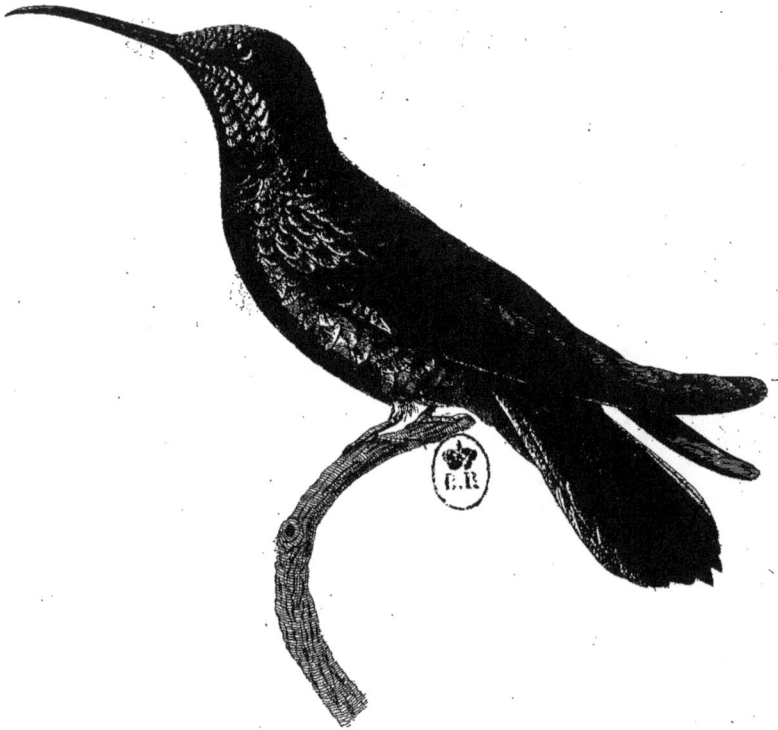

Pl. 4.

COLIBRI TOPAZE, Jeune mâle en plumage incomplet.

Publié par Arthus Bertrand.

Prêtre pinx.   Rémond impres.   Coutant sculp.

(Pl. IV.)

LE COLIBRI TOPAZE, MALE.

PLUMAGE DE JEUNE AGE.

(*TROCHILUS PELLA*. Linn.)

Le colibri Topaze mâle, dans sa livrée incomplète, diffère de l'âge adulte par les couleurs de son plumage, et surtout par le manque des brins qui terminent les deux rectrices moyennes. Cet âge tient par sa robe le milieu entre la vestiture de la femelle et celle du mâle.

Le jeune colibri-topaze a donc moins de cinq pouces de longueur totale. Son bec est noirâtre et ses tarses sont d'un jaune-serin très clair. Le dessus de la tête, du cou, du dos, les épaules et le croupion sont d'un vert doré uniforme, bien que çà et là reflètent des teintes de cuivre rouge, et que des plumes rougeâtres apparaissent au milieu des vertes. Dans la dernière année de la jeunesse de ces individus, le dessus de la tête est mélangé de vert doré et de noir de velours, et un collier rouge brun-pourpré se dessine au bas du cou.

Les écailles de la gorge sont mal circonscrites,

d'un vert-émeraude souvent interrompu par du brun : du violet, du noirâtre, règnent sur le haut du thorax et au dessus du plastron gemmacé. Le milieu du ventre est d'un rouge rubis vif et étincelant, tandis que les flancs et les côtés de la poitrine sont d'un vert doré auquel se joint un mélange de brunâtre et même de roux près de l'épaule et sur le rebord de l'aile. Les couvertures inférieures de la queue sont d'un vert doré-émeraudin. Les rémiges sont d'un brun-pourpré, et les rectrices sont colorées comme dans l'âge parfaitement adulte, excepté que les latérales sont parfois d'un blond sale et terne.

M. Florent Prévost nous a communiqué plusieurs dépouilles de la livrée que nous venons de décrire.

Pl. 5.

COLIBRI TOPAZE, Femelle.

Publié par Arthus Bertrand.

Prêtre pinx.   Rémond imprer.t   Coutant sculp.

(Pl. V.)

LE COLIBRI TOPAZE, FEMELLE.

(*TROCHILUS PELLA.* Linné.)

La femelle du colibri Topaze diffère complète-
ment du mâle par la taille et par le plumage.
Elle a été figurée par Audebert, pl. III de ses
Oiseaux dorés.

Son bec est noir, ses tarses jaunes, et les plumes
tibiales d'un blanc de neige. Sa longueur totale
est de cinq pouces. Le bec seul a dix lignes, et la
queue est pointue, conique, par le raccourcissement des deux pennes les plus externes; les deux
moyennes étant les plus longues, bien qu'elles
ne soient point terminées par les brins que le
sexe mâle a seul reçus en partage.

Tout le dessus du corps, à partir du front, sur
les joues, le cou, les épaules, le dos, le croupion
et les couvertures supérieures de la queue, est
d'un vert-émeraude métallisé, franc et très pur.
Parfois cependant des reflets rougeâtres et cuivrés apparaissent sur l'occiput et sur le cou. Les
ailes en dedans, et sur leur rebord, sont roux-
marron, et les rémiges brun-pourpré.

Une plaque chatoyante mal circonscrite recouvre la gorge. Elle est formée par quatre ou cinq rangées longitudinales de plumes écailleuses colorées en cuivre rouge, lorsqu'elles sont frappées par la lumière, mais en brun-rougeâtre lorsqu'elles sont mal éclairées. Cet effet est dû à ce que chaque plume rouge, à son milieu, est entourée ou frangée par un cercle gris.

Les plumes du devant du cou, de la poitrine, du ventre et des flancs sont d'un vert-doré brillant, mais dont l'effet est terni par un reflet grisâtre, dû à ce que chaque plume de ces parties, vert-émeraude dans sa plus grande étendue, est bordée de gris mat. La région anale est grisâtre et les couvertures inférieures sont d'un vert-doré bleu.

Les deux rectrices moyennes, terminées en pointe obtuse, sont d'un vert-foncé très doré. Les deux latérales qui les suivent de chaque côté sont en entier d'un bleu-violet brillant, et les deux externes sont d'un roux-cannelle vif, quelquefois taché de brun sur les bords et à la base.

Pl. 6.

LE BRIN BLANC, Mâle adulte.

Publié par Arthus Bertrand.

Prêtre pinx.   Rémond impres.ᵉ   Coutant sculp.

(Pl. VI.)

LE COLIBRI A BRINS BLANCS, MALE [1].

(TROCHILUS SUPERCILIOSUS. Linné.)

De tous les colibris connus, l'espèce qui nous occupe est celle qui possède le bec le plus long et le plus robuste, car il n'a pas moins de vingt-deux lignes de longueur ; sa forme est celle d'un cylindre légèrement recourbé et terminé en pointe. La mandibule supérieure est épaisse, d'un noir mat ; l'arête qui sépare les narines est assez vive, et prononcée. La mandibule inférieure, sillonnée sur le côté par un canal très marqué qui règne sur presque toute son étendue, est d'un rouge-orange très vif dans l'état de vie, couleur que la mort ternit, et qui passe alors au jaune sale sur les dépouilles conservées dans les collections.

Le corps de cette espèce a moins de deux

---

[1] *Mâle* (pl. VI) : est vert doré en dessus, gris en dessous ; un trait gris sur l'œil ; la queue est étagée, brune, bordée de blanc ; les deux rectrices moyennes sont façonnées en brins droits et allongés.

Femelle (pl. VII) : le corps est vert-cuivré en dessus, et roux en dessous. La queue est arrondie, sans brins, a rectrices d'un vert roussâtre, liserées de noir et bordées de blanc. Du Brésil.

3.

pouces, mais la queue, de sa naissance à l'extrémité des deux brins allongés, a deux pouces huit
lignes, ce qui donne à l'oiseau, pour dimensions
ordinaires, six pouces six lignes. Ses formes sont
assez robustes, ses ailes sont larges, et s'étendent
jusqu'à la moitié des rectrices, et ses tarses sont
proportionnés.

Le dessus de la tête, du cou, des ailes, du dos,
est d'un vert-cuivré à reflets métallisés rouges; et
le dessous du corps est d'un gris-brun teinté de
roussâtre sur le corps, mais ardoisé sur la gorge.
Deux traits blanc roux règnent sur la joue : le
premier surmonte l'œil, et le second part de la
commissure, et s'avance jusqu'à l'oreille. Les couvertures supérieures de la queue sont amples,
arrondies, d'un vert-cuivré peu éclatant, et frangées de roux vif, ce qui leur donne l'aspect écaillé.
Les couvertures inférieures sont brunes au centre,
et fauve-vif sur les bords.

Les ailes sont d'un brun-pourpré. La queue se
compose de dix rectrices larges, régulièrement
étagées, c'est-à-dire que les plus externes sont
courtes, et que les suivantes augmentent successivement jusqu'aux deux moyennes, qui se rétrécissent pour s'allonger en deux brins étroits et
grêles. La queue forme donc un deltoïde ou une
sorte d'éventail que surmontent ces deux brins
grêles. Chaque rectrice est élargie, taillée en

triangle au sommet. La majeure partie est en dessus d'un vert-cuivré qui passe au noir mat, et que relève sur le bord une tache oblonge blanc roux. En dessous elles sont grises, puis noires et tachées sur leur rebord de blanc-roussâtre. Les deux rectrices moyennes, d'abord larges, sont vert-cuivré en dessus, et puis d'un blanc pur dans leur partie caudale rétrécie et étroite. Les tarses sont plombés.

Le colibri à brins blancs, décrit sous ce nom par Buffon (Édit. de Sonnini, t. xvii, p. 264), et figuré enluminure pl. DC, f. 3, est le colibri à longue queue de Cayenne, de Brisson (Ornith., t. III, p. 686); le *Trochilus superciliosus* de Linné (Syst. nat., éd. Gmelin, esp. 3); de Latham (Index, esp. 3); d'Audebert (Ois. dorés, t. 1, pl. XVII et XVIII); de Vieillot (Encycl. ornith., t. ii, p. 549 et pl. CXXXIV, f. 2); de Dumont de Sainte-Croix (Dict. sc. nat., t. x, p. 46); et de Drapiez (Dict. classiq. d'hist. nat., t. iv, p. 317).

Le colibri à brins blancs paraît commun à la Guiane. On dit qu'il se trouve aussi au Brésil.

Le mâle, dans son jeune âge, se rapproche beaucoup de la femelle. Il lui ressemble, en ce qu'il n'a pas de brins à l'extrémité des deux rectrices moyennes et que le dessous du corps est d'un rouge brunâtre.

(Pl. VII.)

LE COLIBRI A BRINS BLANCS,

FEMELLE.

(*TROCHILUS SUPERCILIOSUS*. Linné.)

La femelle du colibri à brins blancs diffère du mâle en ce qu'elle n'a point les brins allongés de la queue, qui sont les prolongemens des deux rectrices moyennes.

Longue de près de cinq pouces, le bec seul a quinze lignes, et la queue dix-huit. La mandibule supérieure est noire, l'inférieure est jaune, ainsi que les tarses. Ses ailes sont étroites, presque aussi longues que la queue, et d'un brun-pourpré; les rectrices sont larges, à peu près égales, les plus externes sont généralement plus courtes que les moyennes, et toutes sont terminées en pointes à leur sommet.

Le dessus de la tête est d'un vert-brunâtre assez terne; le cou, le dos, le manteau, les couvertures alaires et le croupion sont d'un vert-cuivré à reflets bronzés et rougeâtres, ce qui est dû à ce que chaque plume verte métallisée se trouve cerclée de roux. Les couvertures supé-

Pl. 7.

LE BRIN BLANC , Femelle.

Publié par Arthus Bertrand.

Prêtre pinx.   Rémond imprce!   Coutant sculp.

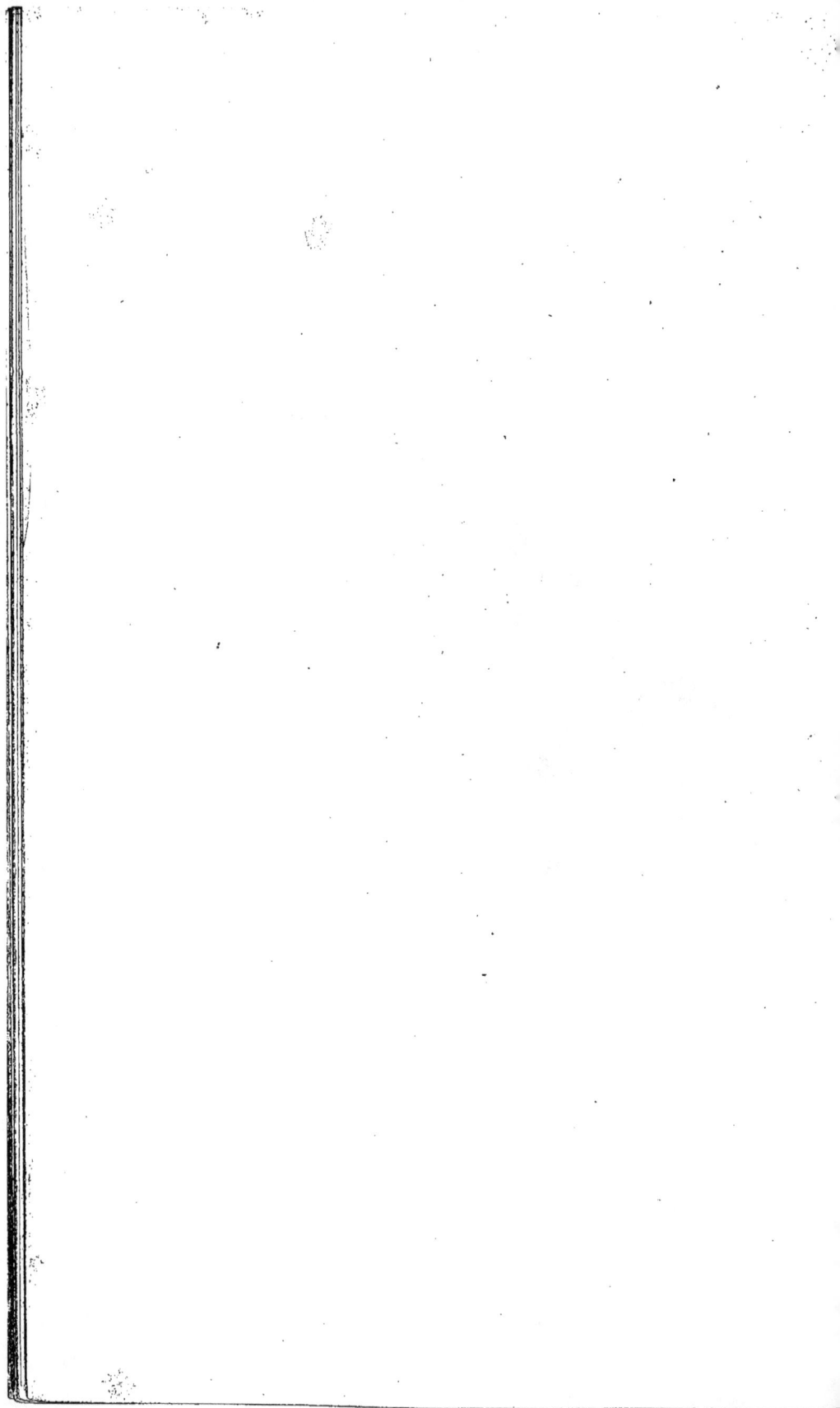

rieures de la queue sont larges et d'un vert-grisâtre, frangées de gris.

Une tache jaunâtre oblongue colore l'œil en dessous. La gorge, le devant du cou, la poitrine et le ventre sont d'un roux brunâtre uniforme, plus clair et tirant au blanchâtre sur le bas-ventre. Les couvertures inférieures de la queue sont longues, rousses, ainsi que les plumes tibiales.

La queue, qui est ample, arrondie, a ses deux rectrices moyennes vert-doré terminées de blanchâtre; toutes les autres sont d'un marron clair dans leur plus grande étendue, puis un noir métallisé naît sur leur bord externe, occupe, sous forme de bande oblique, leur portion terminale, excepté la pointe qui est blanche. Le dessous de la queue ne diffère point du dessus.

La femelle du colibri à brins blancs a été figurée par Audebert, pl. XVIII, du tome premier de ses *Oiseaux dorés*.

(Pl. VIII.)

LE COLIBRI A VESTITURE TERNE [1].

(*TROCHILUS SQUALIDUS*. Natt.)

Le colibri terne a la plus grande ressemblance avec le colibri à brins blancs, mais cependant il s'en distingue par sa taille plus faible, son bec, proportionnellement moins long, plus grêle, plus recourbé; ses ailes à baguettes raides; ses rectrices moyennes, terminées chacune par une lame plus allongée. Cette espèce nous paraît être évidemment le *Polythmus Brasiliensis* de Brisson (t. III, p. 671), bien que quelques traits de la description de cet auteur appartiennent au colibri Hirsute.

Ce colibri est long d'un peu moins de six pouces. Le bec entre pour dix-huit lignes, et les rectrices moyennes pour vingt-sept lignes dans ces dimensions. Les ailes n'atteignent que la naissance des deux brins rubanés de la queue. Le

---

[1] *Mâle* (pl. VIII) : est vert-doré en dessus, et distingué par deux traits blancs au dessus et au dessous de l'œil. Le corps est gris en dessous; les rectrices sont brunes, terminées de blanc, les deux moyennes se prolongent au de là des autres, sous forme de brins droits et minces Du Brésil.

Pl. 8.

COLIBRI TERNE.

Publié par Arthus Bertrand.

Prêtre pinx.   Rémond impres!   Coutant sculp.

bec est noir, excepté la base de la mandibule inférieure qui est jaunâtre.

Le dessus de la tête est brun-verdâtre ; tout le dessus du corps est d'un vert-cuivré assez brillant, passant au roux sur le croupion, ce qui est dû à chaque plume verte ou frangée de roux. Un trait noir traverse la région oculaire et colore l'œil en dessus et en dessous sous forme de deux traits bien marqués. La gorge est grise-brunâtre, mais à partir du menton une raie fauve descend sur le devant du cou et se perd avec le gris roussâtre de la poitrine et du ventre ; les flancs sont gris et le bas-ventre est d'un roux assez vif. La région anale est blanchâtre et les couvertures inférieures sont brunes, bordées de roux.

Les ailes sont d'un brun-pourpré ; la queue est médiocre, composée de rectrices très étagées, pointues à leur sommet, vertes et dorées à leur base en dessus, puis noires et bordées de blanc-roux à leur extrémité. Les deux rectrices moyennes sont brunes, puis blanc pur sur leur partie amincie et rubanée.

Le colibri terne vit au Brésil. Il nous paraît être une race dégénérée par quelque influence locale du *Brin blanc*. Cependant, ses caractères spécifiques sont persistans, car nous avons eu sous les yeux un assez grand nombre de dépouilles qui se ressemblaient toutes, et qui répondaient parfaitement aux individus rapportés du Brésil par M. Natterer.

Cette espèce a été figurée par M. Temminck, pl. CXX, f. 1 de ses Oiseaux coloriés. Elle est décrite dans notre Manuel d'ornith., t. ii, p. 74. On la rencontre au Brésil.

Pl. 9.

COLIBRI À VENTRE ROUX.

Publié par Arthus Bertrand.

Prêtre pinx.   Rémond impres.ᵗ   Coutant sculp.

(Pl. IX.)

LE COLIBRI A VENTRE ROUX, MALE [1].

(*TROCHILUS RUFIGASTER.* Vieill.)

Ce colibri est remarquable par sa petite taille, car il a, de longueur totale, à peine trois pouces six lignes, et encore le bec entre pour onze lignes et la queue pour treize, dans ces dimensions. Le bec est allongé, grêle, recourbé; la mandibule supérieure est mince, l'inférieure est jaune dans sa première moitié et noire à la pointe. Ses tarses et ses doigts sont très grêles, très minces, d'un jaune pur que relève le noir des ongles.

Le dessus de la tête, du cou, du dos, sont d'un vert-cuivré-rouge qui passe au roux-cannelle fort vif sur le croupion. Les ailes sont minces, très étroites, brun-pourpré; la gorge est blanchâtre; le cou et les côtés du cou, de même que le thorax, le ventre et les flancs sont d'un roux-doré

[1] *Mâle* (pl. **IX**): vert-cuivré; le croupion et le dessous du corps sont d'un roux vif; un trait blanc occupe le derrière de l'œil; la queue est arrondie, brune, terminée de roux, et les deux rectrices moyennes s'allongent un peu pour donner naissance à deux brins courts. Du Brésil.

satiné ; un trait noir borde une tache rousse sur la région auriculaire ; une tache d'un noir mat se manifeste parfois sur le milieu du thorax.

La queue se compose de rectrices étagées, minces, dont les deux moyennes dépassent un peu les latérales, sans former deux queues bien distinctes, ainsi qu'on le remarque chez les colibris à brins blancs et sordides. Ses rectrices sont brunes, bordées et terminées de roux-blond. Les couvertures inférieures sont brunes, les supérieures sont rousses. Une teinte métallisée est répandue sur la surfaee supérieure des deux rectrices moyennes. Les doigts sont nus.

Les nombreux individus que nous avons étudiés dans les collections publiques, et dans celle de M. Florent Prévost, ressemblaient tous à la description qu'on vient de lire, et provenaient du Brésil.

M. Temminck dit que, chez le mâle, un trait noir paraît traverser l'œil et qu'une bande d'un blanc-roussâtre forme le sourcil : que la queue est d'un noir-violet à reflets vert-doré et se trouve terminée de blanc.

Si l'on s'en rapportait à la description de Buffon, cet oiseau aurait des brins blancs à la queue, et le dessous serait d'un jaune gris ou d'un bleu-roussâtre. Mais il est probable que Buffon confond ici notre espèce avec le colibri terne.

Le colibri à ventre roux, représenté dans les planches de M. Temminck, n° CXX, figure 2, sous le nom de *Trochilus Brasiliensis*, n'est point le colibri à ventre roussâtre de Buffon, ni le *Trochilus Brasiliensis* de Latham. Ces deux dernières synonymies appartiennent au colibri Hirsute, ainsi qu'il est facile de s'en convaincre par la phrase de l'ornithologiste anglais, qui ajoute à sa courte description : *tibiis pennatis*. C'est le *Trochilus rufigaster* de Vieillot (Encyclop. ornithòl., t. II, p, 551, et Nouv. Dict. d'hist. nat., t. VII, p. 357); et le Brin blanc, jeune âge, d'Audebert (Ois. dorés, t. I, pl. XIX).

(Pl. X.)

LE COLIBRI GRENAT, MALE [1].

(*TROCHILUS AURATUS*. Linné.)

Ce colibri, un des plus anciennement connus, est aussi un des plus remarquables de cette tribu si favorisée, et décrit dans la plupart des livres d'histoire naturelle, il a souvent reçu plusieurs noms, suivant que son plumage variait en éclat ou en fraîcheur. Edwards, dans ses Glanures (pl. CCLXVI), figure cet oiseau sous le nom de *red breasted humming-bird* ou de colibri à gorge rouge, que Buffon distingua à tort du Grenat ordinaire, sous le nom de colibri à gorge carmin (édit. de Sonnini, t. xvii, p. 279), et que Linné (esp. 7) et Latham (esp. 12) introduisirent dans leurs Catalogues systématiques sous le nom de *Trochilus jugularis*. Le Grenat décrit par Buffon (édit. de Sonnini, Oiseaux, t. xvii, p. 262) est le *Trochilus auratus* de Linné (esp. 29); le *Trochilus granatinus* de Latham (Synops., tom. ii, p. 752, esp. 11 et pl. XXXIV); le *Trochilus vio-*

---

[1] *Mâle* (pl. X) : plumage bleu-noir-velours; ailes vert-doré ; gorge grenat étincellante. De la Guiane.

Pl. 10.

LE GRENAT.

Publié par Arthus Bertrand.

Prêtre pinx.   Rémond imprec.   Couant sculp.

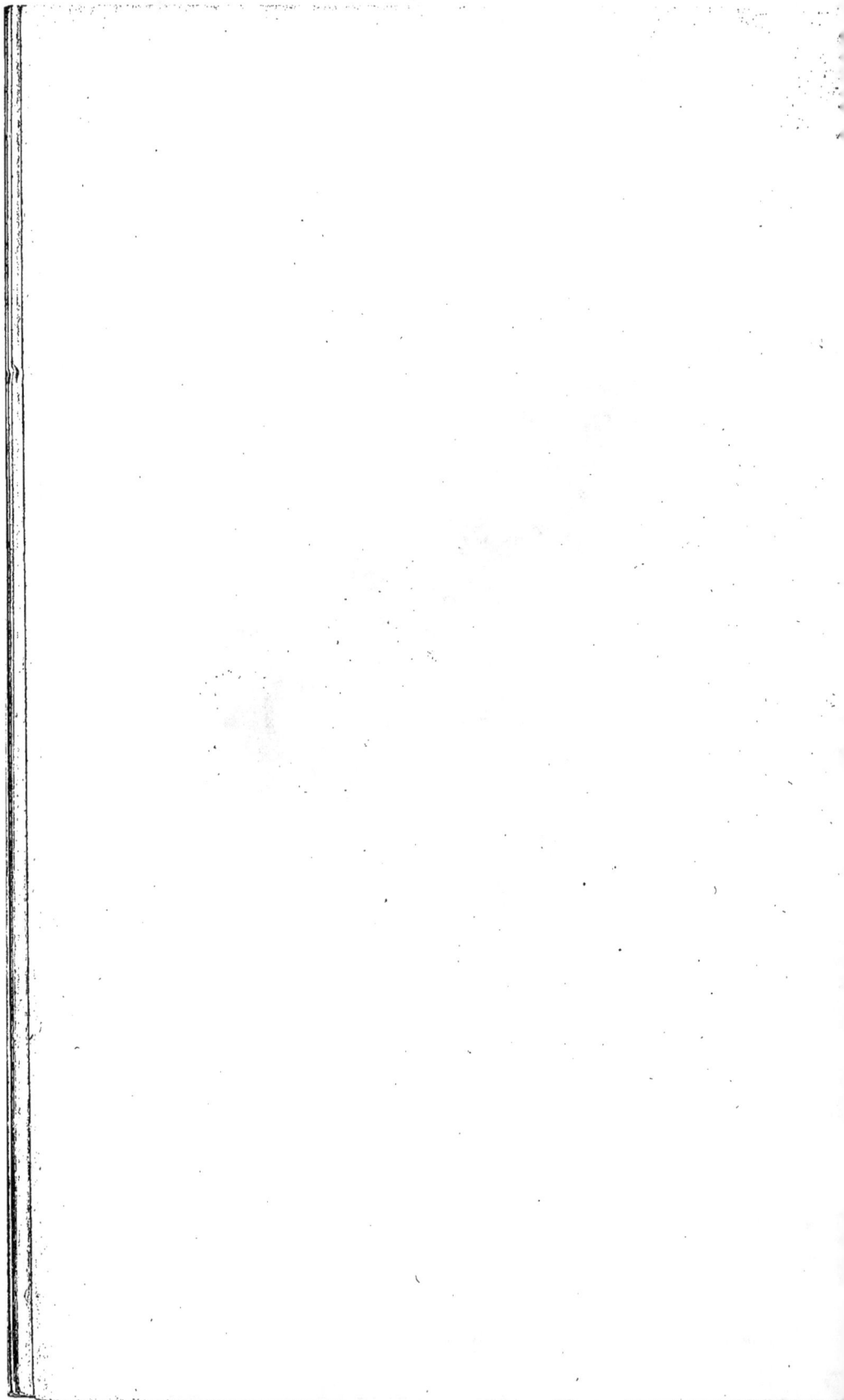

laceus et *auratus* de Vieillot (Encycl. ornith.,
t. ɪɪ, p. 555 , pl. CXXX, f. 2 , et pl. CXXIX, f. 4);
le *Trochilus auratus* d'Audebert (Oiseaux dorés,
t. ɪ, pl. IV); de Dumont (Dict. sc. nat., tom. x,
p. 51); et de Drapiez (Dict. classiq. d'hist. nat.,
t. ɪv, p. 318). C'est encore très probablement à
cette espèce que doit se rapporter le *Trochilus
venustissimus* de Gmelin , et même le *Trochilus
cyaneus* de Latham.

Le Grenat, ramassé et robuste dans ses formes, possède un bec très recourbé, comprimé
sur les côtés; des ailes fortes, plus longues que
la queue, et celle-ci est ample, large, et remar-
quablement fourchue.

Le colibri Grenat a quatre pouces six lignes
de longueur totale, et le bec entre pour un pouce
dans ces dimensions. Il est noir et sillonné sur le
côté. Les tarses emplumés au dessous de l'articulation sont entourés de plumes tibiales noires,
et les doigts et les ongles sont d'un brun décidé.
Les rectrices sont larges, raides, et à extrémité
arrondie.

Le plumage du Grenat est remarquable par
sa coloration. Il est, sur la plus grande partie du
corps, d'un noir dont l'aspect et la douceur sont
celui du velours le plus soyeux. Ce noir séricéeux
est toutefois relevé sur le front par des petites
plumes émeraudes, et par des reflets irisés et

légers qui dorent la sommité de chaque plume
sur le dos et sur le cou. Un large plastron, formé
de plumes écailleuses, naît sur la gorge et descend jusque sur le bas de la poitrine, n'ayant
pour limites latérales que les côtés du cou, et
possède une teinte carmin très brillante chatoyant
en rouge-feu-doré, comme le grenat le plus pur.
Toutefois cette coloration si splendide et si suave
s'altère rapidement, et chez beaucoup d'espèces
se ternit ou s'efface diversement, bien qu'il ne
paraisse pas que les mâles, les femelles ou les
jeunes, aient une livrée qui leur soit spéciale.
Cette espèce diffère, sous ce rapport, de tous les
autres colibris. Jamais, du moins dans les milliers
de peaux que nous avons vues, nous n'avons
trouvé des modifications assez distinctes pour faire
soupçonner qu'elles appartinssent à des âges ou
à des sexes différens de la livrée adulte parfaite.

Le Grenat est aussi la seule espèce de colibri
qui ait ses ailes, y compris les rémiges même
primaires, colorées en vert-bleu-doré très brillant. Les couvertures supérieures et inférieures
de la queue sont aussi de ce vert-bleu-métallisé,
de même que les rectrices, qui possèdent de plus
une teinte noire profonde, lorsque les plumes
sont mal éclairées et que le vert-bleu très chatoyant qui les colore reçoit obliquement les rayons
lumineux.

Le colibri Grenat habite la Guiane, et nous est fréquemment envoyé de Cayenne. Devenu commun dans les collections, il a perdu de son charme et de son prix, mais par la beauté il rivalise avec le colibri Topaze et éclipse la plupart des espèces nouvelles plus rares, et par conséquent plus estimées.

(Pl. XI.)

LE COLIBRI CYANURE, MALE [1].

(*TROCHILUS VIRIDIS.*)

Le colibri que nous nommons Cyanure, par rapport au bleu d'acier qui colore sa queue, est le *Trochilus viridis* d'Audebert, de Vieillot (Encycl. ornith., t. ɪɪ, p. 551, esp. 10, et Nouv. Dict. d'hist. nat., t. vɪɪ, p. 357); de Dumont (Dict. sc. nat., t. x, p. 49); de Drapiez (Dict. class. d'hist. nat., t. ɪv, p. 321). Il a été figuré et décrit, pour la première fois, dans les Oiseaux dorés d'Audebert, pl. XV, et Sonnini en a copié la description pour la placer dans son édition des OEuvres de Buffon (Oiseaux, t. xvɪɪ, p. 315). Linné, Gmelin et Latham ne paraissent point en avoir eu connaissance.

Ce Colibri a quatre pouces six lignes de longueur totale; ses ailes sont presque aussi longues que la queue, et celle-ci est à peu près rectiligne

---

[1] *Mâle* (pl. XI) : plumage en entier d'un vert-émeraude; queue d'un bleu d'acier.

Jeune (pl. XV)? vert; une ligne verte bordée de blanc sous le corps; queue bleu d'acier terminée de blanc. De Porto-Rico (Maugé).

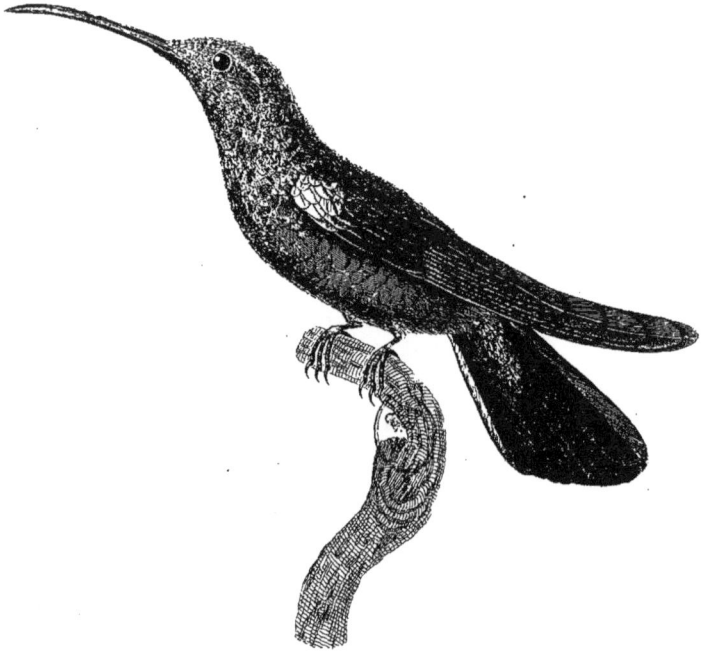

Pl. 11.

LE CYANURE.

Publié par Arthus Bertrand.

Prêtre pinx.   Rémond impres.t   Coutant sculp.

ou du moins très légèrement arrondie. Le bec est assez allongé, peu recourbé; il est noir ainsi que les tarses; les rémiges sont brun-pourpré.

Le plumage du corps est en entier d'un vert-émeraude doré et frais, plus sombre sur la tête et sur le cou, chatoyant vivement sur les couvertures de la queue. Celles-ci, composées de pennes, larges, arrondies à leur sommet, sont d'un bleu d'acier luisant, que relève un léger liseré blanc sur le rebord des rectrices externes.

Le seul individu que nous connaissions de cette espèce est au Muséum d'histoire naturelle de Paris, où il a été déposé par Maugé, qui l'avait rapporté de Porto-Rico, une des îles Antilles.

4.

(Pl. XII.)

LE HAÏTIEN, MALE [1].

(TROCHILUS GRAMINEUS.)

Robuste dans ses formes, armé d'un bec long de treize lignes et gros à proportion, munis d'ailes aussi longues que la queue, qui est large et arrondie, ce colibri, à bec et à tarses noir-mat, a tout le dessus du corps d'un vert frais et brillant, à teintes dorées sur le croupion et sur le milieu du dos. Un large plastron occupe la gorge jusqu'au thorax, en se perdant sur les côtés du cou. Les plumes écailleuses qui le composent ont l'éclat, la fraîcheur et la pureté de l'émeraude de la plus belle eau. Le chatoiement de cette partie est donc d'un vert suave, bien qu'il disparaisse parfois pour produire un noir-velours par l'absorption des rayons lumineux. Une large tache ovalaire d'un noir profond, à teinte et à douceur

---

[1] *Mâle* (pl. XII) : vert ; gorge émeraude ; poitrine et milieu du ventre noir de velours ; plumes tibiales blanches ; queue bleu d'acier. De Cayenne (Mus. de Paris) ; de Saint-Domingue (Vieillot).

Jeune (pl. XII *bis*) : vert-doré en dessus ; gorge noire et verte, bordée de roux ; milieu du ventre noirâtre, bordé de blanc ; flancs vert-doré ; queue violette, bordée de noir et terminée de blanc.

Pl. 12.

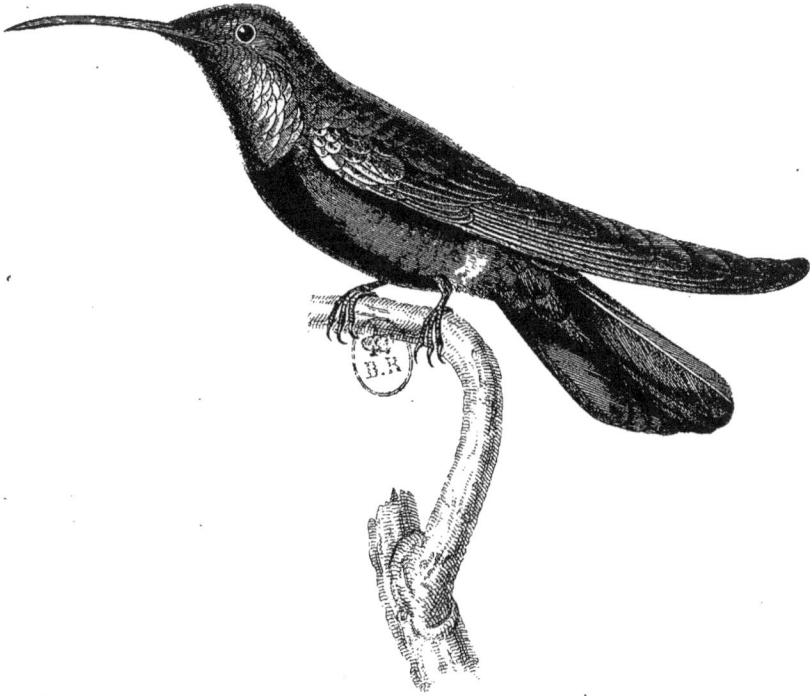

LE HAÏTIEN, Adulte.

Publié par Arthus Bertrand.

Prêtre pinx.   Rémond impres.   Coutant sculp.

de velours, sans reflets métalliques, occupe le
devant de la poitrine. Le ventre est d'un brunâtre
sale, doré sur les flancs. La région anale et les
plumes tibiales sont blanches. Les couvertures
inférieures de la queue sont brunes, à reflets
vert-doré sur leur bord.

Les tiges des ailes, surtout de la première rémige, sont robustes et élargies. Les rémiges
primaires et secondaires sont d'un brun-pourpré
uniforme. Les rectrices sont larges, arrondies à
leur extrémité, colorées en pourpre franc dans
les trois quarts de leur longueur, et se trouvent bordées à leur quart terminal et en entier
à leur sommet, d'un noir-bronzé; les deux
moyennes sont complètement noir-bronzé à reflets bleuâtres.

Le Haïtien habite, dit-on, la Guiane. M. Vieillot l'a fréquemment rencontré à Saint-Domingue,
et peint en ces termes quelques-unes de ses habitudes. « Le colibri Haïtien se plaît aux alentours
des habitations, d'où il ne s'écarte guère tant
qu'il y trouve des arbres en fleur : lorsqu'il se
perche, c'est plus volontiers sur une branche
sèche et isolée, où souvent il étend sa queue en
demi-cercle. Je ne l'ai jamais entendu chanter,
mais quand il vole, surtout dans la saison des
amours, il jette un cri continuel qui le fait reconnaître, même sans qu'on le voie. Ce petit

oiseau en souffre difficilement d'autres sur l'arbre où il a placé son nid; j'ai vu un Moqueur obligé de céder à ses poursuites. C'est en voltigeant sans cesse autour de lui, et en présentant continuellement son bec aux yeux de son antagoniste, qu'il le force à prendre la fuite. »

« J'ai un nid de ce colibri bâti sur une branche de cotonnier de Siam, plus grosse que le pouce. Le lichen qui en couvre l'extérieur est de la même espèce que celui de l'arbre. Il y avait deux petits dans ce nid, dont la gorge, la poitrine et le ventre étaient bruns sans reflets. Chez quelques-uns les deux parties latérales de la queue étaient blanches à leur sommet. Je n'ai point trouvé de différence entre le mâle et la femelle. »

Le Haïtien, que la plupart des auteurs nomment le Hausse-Col vert, et qui est figuré sous ce dernier nom, pl. IX des Oiseaux dorés d'Audebert, est le *Polythmus dominicensis* de Brisson (Ornith., t. III, p. 672); le *Trochilus gramineus* de Linné, de Gmelin (Syst., esp. 30); de Dumont (Dict. sc. nat., t. x, p. 48); de Drapiez (Dict. class. d'hist. nat., t. IV, p. 318); le *Trochilus pectoralis* de Latham (Ind., esp. 18); et de Vieillot (Encycl. ornith., t. II, p. 551, esp. 13); et même le *Trochilus dominicus* de Linné (Syst., esp. 26); c'est le colibri Hausse-Col vert de Buf-

fon (Édit. de Sonnini, Oiseaux, t. xvii, p. 283);
et le colibri du Mexique, de la planche enluminée DCLXXX, fig. 2. C'est encore le plastron
violet de Vieillot (Oiseaux dorés, tom. i, planche LXX).

(Pl. XII *bis.*)

LE HAÏTIEN, JEUNE AGE.

(*TROCHILUS GRAMINEUS.*)

L'individu que nous regardons comme le jeune colibri Haïtien en mue, au moment où il va prendre la livrée d'adulte, a été figuré très exactement par Daubenton, pl. enl. DCLXXI, f. 1, et décrit par Buffon sous le nom de *Colibri à cravate verte* (Buffon, édit. de Sonnini, Ois., tom. xvii, p. 277); nom conservé par Audebert (Ois. dorés, t. 1, pl. X); c'est le *Trochilus gularis* de Latham (Ind., esp. 16); et le *Trochilus maculatus* de Linné et de Gmelin (Syst., esp. 32).

Les nombreux individus, sur lesquels repose notre description, nous ont tous donné quatre pouces huit lignes de longueur totale. Le bec entre, dans ces dimensions, pour treize ou quatorze lignes, et la queue pour quinze. Le bec et les tarses sont noirs, les ailes minces et étroites, débordant l'extrémité de la queue. Celle-ci est arrondie, ample, à rectrices externes un peu plus courtes que les moyennes.

Tout le plumage sur le corps est d'un vert-doré légèrement ondé, et tirant au brunâtre sur le sommet de la tête, ce qui est dû à une forte

Pl. 12 Bis.

LE HAÏTIEN, Jeune âge.

Publié par Arthus Bertrand.

Prêtre pinx.   Rémond impres.ᵗ   Teillard sculp.

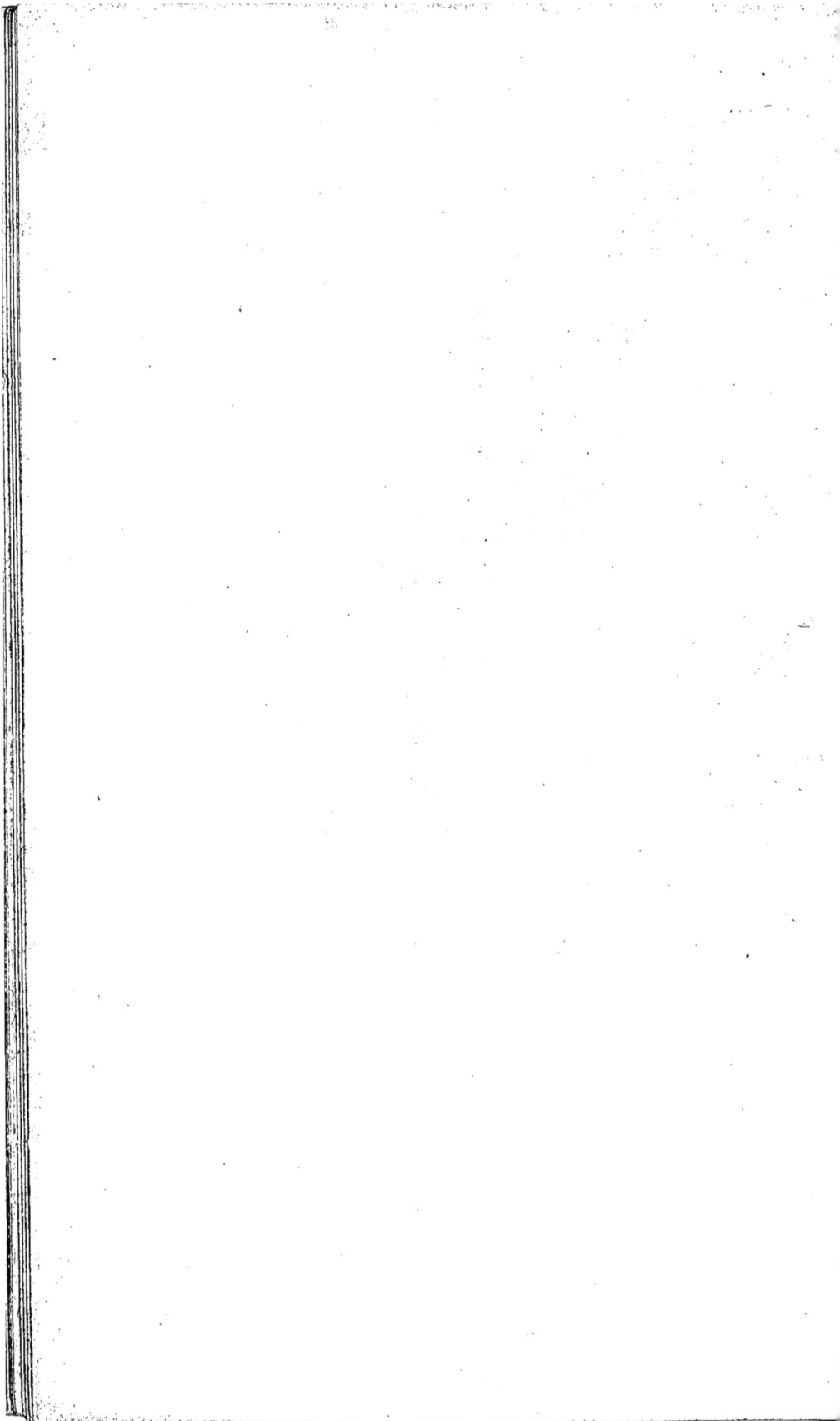

teinte brune fondue dans le vert qui colore les plumes de cette partie. Le devant du cou est occupé par une raie noire séricéeuse mat, au milieu de laquelle apparaissent des écailles d'un vert-doré brillant. Le noir est encadré, sur les côtés du cou, de blanchâtre fortement nuancé ou marqué de taches rouille. Le haut du thorax est bleuâtre ainsi que deux larges raies qui bordent sur le ventre une raie noir-mat qui y règne dans le sens longitudinal. Les flancs et les côtés du thorax sont vert-doré. La région anale est blanche, et les couvertures inférieures de la queue sont d'un brun-roussâtre.

Les ailes sont brun-pourpré. La queue, d'une certaine ampleur, est formée de pennes arrondies au sommet, et les deux rectrices moyennes sont en entier d'un vert-brun-doré très foncé et sans tache. Les plus externes sont, dans leur moitié supérieure en dessus, marron, en dessous, violet-métallique, puis de couleur d'acier-bronzé à leur extrémité, à teinte terne en dessus mais très brillante en dessous, tandis que le bout est marqué par une tache d'un blanc net.

Souvent les rectrices latérales qui suivent les deux moyennes sont bronzées ou bien d'un brun-mat.

Ce colibri se trouve à Cayenne, et à ce qu'il paraît aux Antilles.

(Pl. XIII.)

LE COLIBRI A PLASTRON NOIR,

ADULTE [1].

(*TROCHILUS MANGO.*)

M. Vieillot a figuré sous le nom de colibri La-zulite, *Trochilus lazulus* (galerie, pl. CLXXIX; texte, t. i, p. 296; Encyclopédie ornith., t. ii, p. 557, esp. 36 *bis*), un oiseau que nous n'avons pas vu, et qui se trouve seulement dans la col-lection de M. le baron Laugier de Chartrouse à Paris. M. Vieillot pense que ce colibri est distinct du *Trochilus mango* des auteurs, bien que nous soyons tentés de le considérer comme l'individu parfaitement adulte.

La description que M. Vieillot donne du *Tro-*

---

[1] *Mâle* (pl. XIII) : vert-doré en dessus ; dessous du corps noir-velours, puis bleu d'azur sur les côtés ; queue pourprée, liserée au sommet de noir.

Jeune adulte (pl. XIII *bis*).

Jeune (pl. XIV) : tête grisâtre ; plumage vert-doré en dessus ; devant du cou noirâtre ; les côtés blanchâtres.

Femelle (pl. XV) : vert-doré en dessus ; milieu du corps en des-sous vert, bordé de blanchâtre ; queue bleu d'acier terminée de blanc. De la Jamaïque, du Brésil.

Pl. 13.

COLIBRI À PLASTRON NOIR, Adulte.

Publié par Arthus Bertrand.

Prêtre pinx.   Rémond impres.t   Coutant sculp

chilus lazulus est celle-ci : « La tête, le dessus du cou et du corps, les couvertures supérieures des ailes et de la queue, sont d'un vert-doré à reflets. La gorge, le devant du cou, la poitrine et le milieu du ventre sont d'un bleu éclatant. Le bas-ventre, les couvertures inférieures de la queue, sont blancs ; les pennes alaires et caudales violettes, et la queue égale à l'extrémité. Il a de longueur totale quatre pouces six lignes et dix rémiges. On ne sait de quelle partie de l'Amérique méridionale provient cet oiseau. » Or, cette description, à cela près du bleu pur du dessous du corps et des couvertures inférieures de la queue blanches, conviendrait en tout au Mango. N'ayant pas vu le seul individu sur lequel repose la description et la figure de M. Vieillot, nous nous bornerons à émettre notre opinion, que nous croyons du reste très fondée.

Le colibri à plastron noir, ou le Mango des auteurs, que nous représentons pl. XIII, est le colibri de la Jamaïque, de Brisson (Ornith., t. III, p. 679, pl. XXXV, f. 2); le *Largest or Blackest Humming-bird* de Hans Sloane (Jamaïc., t. II, p. 308, n° 40, pl. XV) ; le Bourdonneur de Mango d'Albin (Ois., t. III, pl XLIX) ; on lui donne pour synonymie la cinquième espèce de *Guanumbi* de Marcgrave (Brazil, p. 197), de Willugby (Ornith., p. 167), de Jonston (av., p. 135), de Ray (Synop. 187).

C'est le Plastron noir de Buffon (éd. de Sonnini,
t. xvii, p. 286, et pl. coloriées DCLXXX, f. 3);
d'Audebert (Ois. dorés, t. 1, p. 20, pl. VII); le
Trochilus mango de Linné, de Gmelin (Syst.,
esp. 10); de Latham (Ind., esp. 20); de Dumont
(Dict. sc. nat., t. x, p. 50), et de Drapiez (Dict.
class. d'hist. nat., t. iv, p. 319).

Le Plastron noir ou Mango a quatre pouces et
quelques lignes de longueur totale. Son bec est
robuste, noir, ainsi que les tarses, et peu recourbé. Un vert-brunâtre colore sa tête, un vert-
doré à teintes chaudes et brillantes couvre tout
le dessus du corps et le haut des ailes. La gorge,
le devant du cou, le thorax, sont d'un noir
soyeux satiné, que relève latéralement des teintes
de l'azur le plus suave. Les côtés du thorax et les
flancs sont vert-doré. La région anale est blanc-
pur. Les couvertures inférieures de la queue sont
d'un blanc sale, dit Audebert (Ois. dorés, t. 1,
p. 20); sur les individus que nous avons exami-
nés, elles étaient d'un brun-pourpré. La queue
est ample, presque égale ou même légérement
échancrée. Les deux rectrices moyennes sont vert-
brun doré. Toutes les latérales sont du pourpre-
violet le plus luisant à bordure légère bleu d'a-
cier et à terminaison brun-mat.

Les ailes sont étroites, brun-pourpré, et aussi
longues que la queue. Les couvertures supé-

rieures de cette dernière partie sont amples et d'un beau vert-doré.

Le Mango varie singulièrement suivant les âges et même les saisons. Il est donc probable que le *lazulus* n'est que l'oiseau en plumage complet.

Le Mango habite la Jamaïque, et, à ce qu'il paraît, non-seulement quelques-unes des Grandes-Antilles, mais encore la Terre-Ferme, et aussi, dit-on, le Brésil et la Guiane.

(Pl. XIII *bis.*)

LE COLIBRI A PLASTRON NOIR,

JEUNE ADULTE.

(*TROCHILUS MANGO.*)

L'individu que nous représentons dans notre planche XIII *bis* était remarquable par sa fraîcheur. Son bec, long de dix lignes, est peu recourbé, d'un noir profond. Ses tarses sont brunâtres, ses ailes allongées brun-pourpré, sa queue ample, élargie, rectiligne.

Tout son corps en dessus est d'un vert-noir métallisé brillant. Tout le dessous du corps est noir-velours, passant sur les côtés au bleu-azur suave. La région anale est blanche, et les couvertures inférieures de la queue sont brunes, vertes et couleur d'acier. Les côtés du thorax et du ventre sont d'un vert-doré très frais. Les couvertures supérieures de la queue, très larges, sont d'un vert-doré brillant. Les deux rectrices moyennes sont vert-noir doré; toutes les latérales sont d'un violet marron luisant, et contournées sur leurs bords et à leur extrémité par un liseré noir.

Pl. 13. Bis.

COLIBRI À PLASTRON NOIR, Jeune adulte.

Publié par Arthus Bertrand.

Prêtre pinx.   Rémond imprest   Teillard sculp.

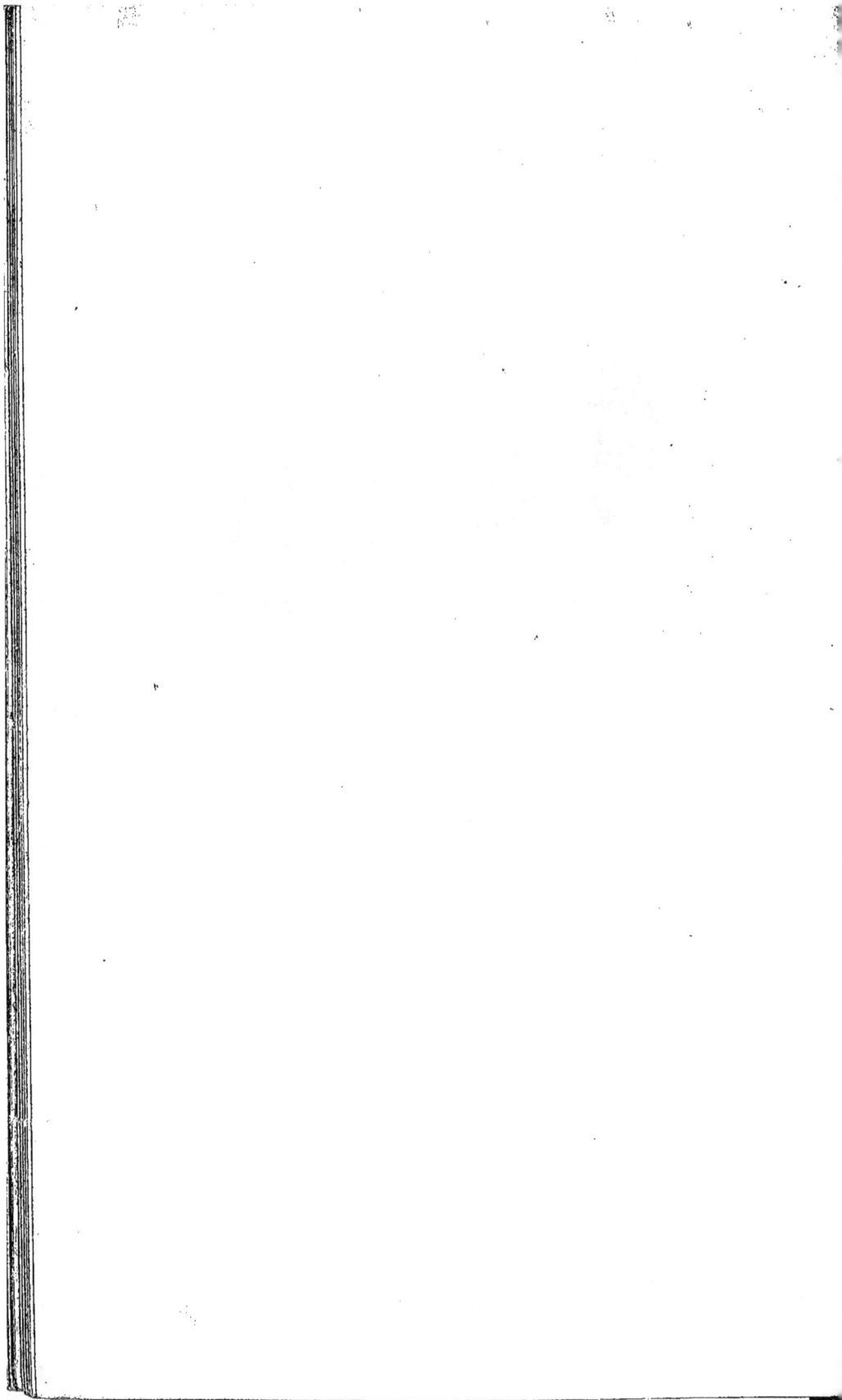

Cet oiseau est le vrai type du Mango dans tous les auteurs : l'individu que nous décrivons est dans le cabinet de M. de Longuemard. Il a quatre pouces deux ligues de longueur totale.

(Pl. XIV.)

LE COLIBRI A PLASTRON NOIR,

JEUNE AGE.

(*TROCHILUS MANGO*.)

Le jeune âge du Plastron noir a été considéré comme espèce par divers ornithologistes, et c'est le colibri à queue violette de Buffon (enl. 671, f. 2); d'Audebert (Ois. dorés, t. 1, p. 27, pl. XI); le *Trochilus albus* de Linné, de Gmelin.

Le vert-doré du corps est pur et assez brillant sur le cou, le dessus des ailes, le dos et les couvertures supérieures de la queue. Ce vert est mêlé de grisâtre sur le haut du cou et sur le croupion, et se ternit complètement sur les joues et sur le front, où il passe au roussâtre noir-doré. Tout le dessous du corps, à partir du menton jusqu'aux couvertures inférieures, est blanchâtre, mais le devant du cou est occupé par une raie noire large, plus foncée à son milieu et plus claire sur les bords. Les rémiges sont brun-pourpré. Les rectrices, presque égales, sont, les deux moyennes vert-doré, et les latérales d'un violet métallisé que teint à leur sommet du vert-noirâtre.

Pl. 14.

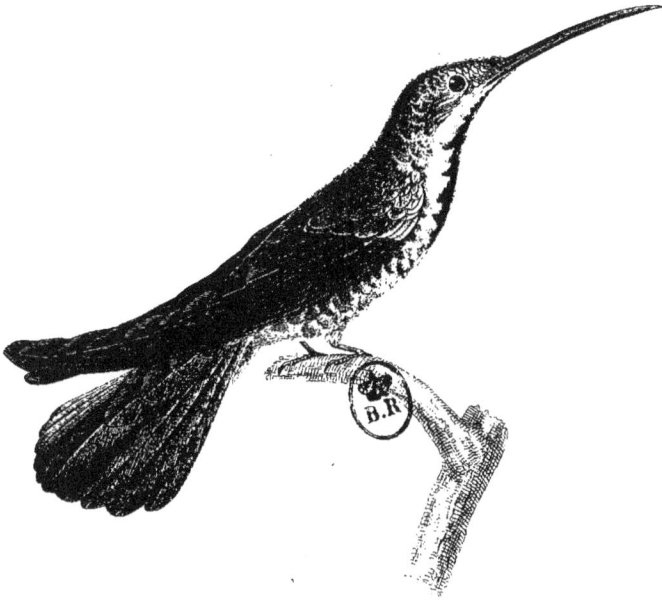

COLIBRI À PLASTRON NOIR, Jeune âge.

Publié par Arthus Bertrand.

Prêtre pinx.   Rémond imprest   Coutant sculp.

On en trouve une figure inédite (pl. VI) dans
le troisième volume des Oiseaux dorés de Vieillot, sous le nom de *Trochilus tænius*, avec cette
phrase : vert-doré, cravate noire, côtés du cou
et de la poitrine, ventre et parties postérieures,
blancs; queue un peu arrondie, verte sur les deux
pennes intermédiaires, violette sur les autres,
et terminée de blanc. (Ce dernier caractère ne
se rapporterait avec exactitude qu'à la Cravate
verte de notre pl. XV.)

Au moment de prendre sa livrée parfaitement
adulte, le jeune Plastron noir, long de quatre
pouces six lignes, est vert-doré en dessus; mais
ce vert est grisâtre sur la tête, très brillant sur le
dos et sur les couvertures supérieures. Une raie
noir-velours, interrompue, et parfois çà et là ob-
scure et brune, règne de la gorge à la région anale.
Deux larges raies blanches latérales la côtoient,
et se mêlent au vert-doré des flancs et des parties
latérales du cou. Les ailes, brun-pourpré, sont
plus longues que la queue; celle-ci, presque rectiligne, se compose de rectrices larges, arrondies;
les deux moyennes, vert-brun doré, les deux
latérales brunes, et les trois plus externes noir-
acier brun à leur base, puis violettes, puis bleu
d'acier poli, et enfin terminées de blanc pur. Les
couvertures inférieures de la queue sont vertes
frangées de blanc.

(PL. XV.)

LA CRAVATE VERTE, JEUNE.

(TROCHILUS MANGO : TROCHILUS NITIDUS. Latham.)

Ce colibri est véritablement le *Trochilus albus*
de Linné, la vraie Cravate verte de Buffon (enl.
680, f. 3), et non l'âge figuré sous ce nom par
Audebert dans sa planche X. Par son plumage,
il est facile de voir que c'est un jeune oiseau dont
la livrée est encore incomplète. A quelle espèce
appartient-il? Il serait fort difficile de répondre
d'une manière certaine sur l'examen d'une dépouille, tant les colibris, dans les premières années de leur existence, se ressemblent, pour la
plupart, par les formes du bec, de la queue, et
par le désordre de couleurs qui doivent plus tard
prendre de la fixité et de l'éclat.

La Cravate verte est à nos yeux un jeune colibri Mango, ou peut-être le jeune colibri Cyanure:
Son bec est long et mince; il est brun ainsi que
les tarses. Sa taille est de quatre pouces quatre à
cinq lignes, et le bec seul a treize lignes. Ses
ailes sont longues et étroites, brunes et pourprées.
Sa queue est ample et arrondie. Tout son plumage en dessus est d'un vert-doré frais et brillant,

Pl. 15.

LA CRAVATE VERTE,

Publié par Arthus Bertrand.

Prêtre pinx.   Rémond impres!   Coutant sculp.

plus doré sur les épaules et sur la tête. Une large raie verte part du menton, descend sur la poitrine et sur le ventre en se nuançant en brun-sale, et s'affaiblissant sur les bords; une large raie blanche la suit de chaque côté, et se teint légèrement en vert, principalement aux flancs. Les couvertures inférieures sont vertes bordées de blanc.

. Les rectrices, arrondies à leur sommet, sont d'un riche violet passant au bleu de fer spéculaire à l'extrémité. Les trois plus extérieures de chaque côté sont largement terminées de blanc.

L'individu, type de la planche XV, est au Muséum, et provient de Porto-Rico, d'où la rapporté Maugé.

La Cravate verte paraît être le *Trochilus margaritaceus* de Linné, et le *Trochilus gularis* de Latham. M. Vieillot le regarde comme le jeune âge du Hausse-Col vert, qui est notre Haïtien pl. XII. Mais il serait très difficile de débrouiller la synonymie des *Trochilus albus*, *gularis*, *maculatus*, et plus difficile encore d'appliquer ces noms avec exactitude. Cet oiseau est peut-être un jeune Mango; mais plus probablement il appartient au *Trochilus viridis*.

5.

(Pl. XVI.)

LE COLIBRI HAUSSE-COL DORÉ,

MALE ADULTE [1].

(*TROCHILUS AURULENTUS.*)

Le Hausse-Col doré mâle a été figuré par Audebert dans la planche XII de ses Oiseaux dorés,
et décrit page 29 sous le nom de *Trochilus aurulentus*, que cet auteur lui imposa le premier. La
figure d'Audebert représente ce colibri avec une
cravate émeraude-dorée, qui en donne une
fausse idée, en même temps qu'elle n'indique
point la disposition assez notablement fourchue
de la queue. Le Hausse-Col doré, bien distinct
du Hausse-Col vert ou Haïtien, est encore décrit
sous le nom spécifique de *Trochilus aurulentus*,

---

[1] *Mâle adulte* (pl. XVI) : vert-doré ; gorge verte, très dorée,
chatoyante ; thorax et abdomen noirs ; queue un peu pourprée
et bleue.

Femelle (pl. XVII) : vert-doré en dessus, gris-blanc en dessous ; queue rouge-violet, puis bleue et terminée de blanc pur.

Jeune femelle (pl. XVIII) : verte en dessus ; grise en dessous ;
queue bleue œillée de blanc.

Jeune mâle (pl. XIX) : un trait vert jaune-doré sur la gorge ;
du blanc, mélangé au noir de l'abdomen ; queue verte, pourprée,
terminée de blanc. De Porto-Rico (Maugé).

Pl. 16.

LE HAUSSE-COL DORÉ, Mâle adulte.

Publié par Arthus Bertrand.

Prêtre pinx.   Rémond impres.   Coutant sculp.

par Vieillot (Encyclop. ornith., t. ii, p. 555,
esp. 3o , et Nouv. Dict. d'hist. nat. , t. vii, p. 556);
Dumont (Dict. sc. nat., t. x, p. 49); et Drapiez
(Dict. class. d'hist. nat., t. iv, p. 318).

Cet oiseau est long de quatre pouces et demi,
et le bec entre, dans ses dimensions, pour douze
lignes. Les ailes sont minces, étroites, aussi longues que la queue. Celle-ci est ample, un peu
échancrée, et formée de rectrices larges et arrondies à leur extrémité.

Le bec et les tarses sont noirs; les ailes brun-
pourpré. Tout le dessus du corps, y compris les
couvertures supérieures de la queue et même le
dessus des deux rectrices moyennes, est vert-doré
foncé, mais brillant. Sur le devant du cou se dessine, à partir du gosier jusqu'au bas du cou, un
plastron écailleux très chatoyant d'un vert-doré
à reflets vert-noir glacé lorsque la lumière frappe
les plumes en plein, et, au contraire, d'un vert-
turquoise lorsque ses rayons sont obliques. Le
thorax, le ventre, jusque sur les flancs, sont
d'un noir mat foncé. La région anale est blanche;
les couvertures inférieures de la queue sont d'un
vert-noir métallisé, et les rectrices latérales sont
du violet-pourpre le plus luisant, excepté à leurs
bords, où le violet passe au bleu-d'acier. Les
rémiges moyennes sont vert-doré.

L'individu, type de notre figure, est dans les

galeries du Muséum, où l'a déposé Maugé, à son
retour de Porto-Rico. C'est effectivement dans
cette Antille que vit ce colibri, et très fréquemment Maugé en a tué les individus des deux sexes
à l'époque de leur accouplement, et sur le bord
de leur nid. Le Hausse-Col doré remplace, à
Porto-Rico, le Hausse-Col vert ou le Haïtien qui
habite Saint-Domingue.

Pl. 17.

LE HAUSSE-COL DORÉ, Femelle.

Publié par Arthus Bertrand.

Prévru pinx.   Rémond imprest   Coutant sculp.

(Pl. XVII.)

LE COLIBRI HAUSSE-COL DORÉ,

FEMELLE.

(TROCHILUS AURULENTUS.)

La femelle que nous représentons, pl. XVII, a été figurée à la pl. XIII des Oiseaux dorés d'Audebert (Ois. dorés, t. I, p. 31), et cependant la plupart des auteurs l'ont érigée en espèce, sous le nom de Plastron blanc (Buffon, édit. de Sonnini, Oiseaux, t. XVII, p. 291); de colibri de Saint-Domingue (Buffon, enl. DCLXXX, f. 1); c'est le *Trochilus margaritaceus* de Linné (esp. 38); et de Latham (esp. 24). Nous ne sommes pas très certains que ce ne soit pas le *Trochilus cinereus* de Linné, de Vieillot (Encycl., t. II, p. 552, esp. 18); de Dumont (Dict. sc. nat., t. x, p. 50); et de Drapiez (Dict. class. d'hist. nat., t. IV, p. 317). Quant au colibri à ventre cendré d'Audebert (pl. V), il nous paraît être le Campyloptère latipenne.

Longue de quatre pouces six lignes, le bec de cette femelle y est compris pour douze lignes. Il est noir ainsi que les tarses. Les ailes débordent

légèrement la queue, qui est très peu échancrée
ou presque rectiligne, et c'est à tort que dans le
dessin elle a été représentée légèrement arrondie.

Un vert-brun-doré colore la tête; un vert-
bleu-doré très vif est répandu sur le cou, le dos,
le manteau, les épaules, le croupion et teint les
deux rectrices moyennes. Les ailes sont d'un
brun-pourpré-noir. Tout le dessous du corps,
à partir de la gorge jusqu'au bas-ventre, est
d'un gris très clair qui se mêle sur les côtés au
vert métallisé des parties supérieures du corps et
des flancs. Les couvertures inférieures sont amples, brunes, marquées de vert-doré et terminées
de blanc au sommet.

Les rectrices sont larges, arrondies, les deux
moyennes vert-doré; les latérales d'un marron
foncé à leur naissance, puis d'un noir-bleu-d'a-
cier luisant à leur tiers terminal, et terminées
par un triangle d'un blanc pur.

Notre description repose sur l'individu rapporté de Porto-Rico par Maugé, et sur plusieurs
dépouilles semblables que nous a communiquées
M. Florent Prévost.

Pl. 18.

LE HAUSSE-COL DORÉ, Jeune femelle.

Publié par Arthus Bertrand.

Prêtre pinx.   Rémond impres.   Coutant sculp.

(Pl. XVIII.)

LE COLIBRI HAUSSE-COL DORÉ,

JEUNE FEMELLE.

(TROCHILUS AURULENTUS.)

Un peu moins longue que la femelle figurée dans la planche précédente, celle-ci n'a que quatre pouces. Ses ailes dépassent un peu la queue, qui est presque rectiligne. Tout son plumage en dessus est vert-bleu-doré métallisé, et gris en dessous; mais elle diffère notablement de l'âge précédent par les couvertures inférieures de la queue qui sont du même gris que le ventre, puis par les rectrices qui sont toutes d'un bleu d'acier que relève à leur extrémité la lame arrondie au sommet, triangulaire à sa base, d'un blanc pur.

Cette jeune femelle, rapportée de Porto-Rico, est dans les galeries du Muséum.

(Pl. XIX.)

LE COLIBRI HAUSSE-COL DORÉ,

JEUNE MALE.

(*TROCHILUS AURULENTUS.*)

Le Hausse-Col doré mâle, dans son jeune âge, tient, par la coloration de son plumage, de l'adulte et de la femelle. Il a quatre pouces trois lignes de longueur totale, en y comprenant le bec pour huit lignes et la queue pour seize. Ses ailes, brunes-pourprées, sont longues, minces, étroites, et dépassent l'extrémité de la queue; celle-ci, composée de rectrices larges et pointues, est légèrement échancrée au milieu.

Un vert-brunâtre, peu doré, teint la tête; un vert-bleu-doré brillant couvre le cou, le dos, les épaules, le croupion, et teint les grandes couvertures de la queue et les deux larges rectrices moyennes.

Une raie de plumes écailleuses part du menton et descend au devant du cou, en chatoyant assez vivement en vert glacé d'or. Ce plastron naissant est bordé, sur les côtés du cou, de grisâtre ou de blanchâtre; tout le dessous du corps, y compris

Pl. 19.

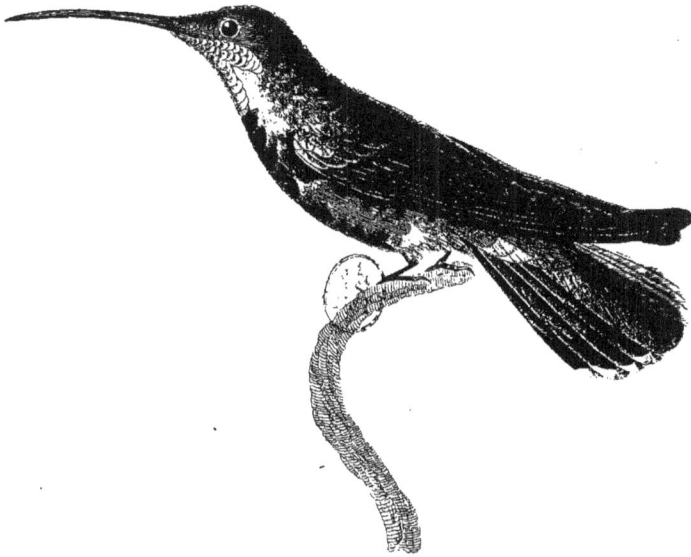

LE HAUSSE-COL DORÉ, Jeune mâle.

Publié par Arthus Bertrand.

Prêtre pinx.   Rémond impres.t   Coutant sculp.

les couvertures inférieures, est d'un gris qui fait place à une ligne médiane, et à des plaques d'un noir assez vif, dégénérant en brunâtre sale sur le bas-ventre. Les plumes tibiales sont blanches ainsi que la région anale.

Les rectrices moyennes sont vert-doré; celles qui les avoisinent, d'un brun teinté de violâtre au milieu, mais les trois plus externes de chaque côté sont d'un pourpre noir-violet très intense et très luisant, que relève le brun-mat de leur extrémité. Chez quelques individus le brun fait place à du bleu d'acier que borde un liseré blanc pur au sommet.

L'individu, type de notre planche, est au Muséum et provient de Porto-Rico. Notre description repose sur l'examen de plusieurs individus que nous a communiqués M. Florent Prévost.

(Pl. XX.)

LE CARAIBE, MALE ADULTE [1].

(*TROCHILUS HOLOSERICEUS.*)

Le Caraïbe est l'espèce que les ornithologistes nomment colibri vert et noir. C'est du moins sous ce dernier nom qu'il est décrit par Buffon (Édit. de Sonnini, Oiseaux, t. xvii, p. 271); qu'il est figuré par Audebert (Oiseaux dorés, pl. VI, et texte, t. 1, p. 19). C'est le *Black belly and gren humming bird* d'Edwards (Glan. planche XXXVI), et le *Falcinellus ventre nigricante cauda brevi æquali* de Klein (av. n° 18). Le colibri du Mexique de Brisson (Ornith., t. iii, p. 676 et pl. XXXV, f. 2., est encore notre Caraïbe, que Linné et Latham nomment *Trochilus holosericeus*, et c'est sous cette désignation qu'il est aussi admis par Vieillot (Encycl. ornith., t. ii, p. 551, esp. 12); Dumont de Sainte-Croix (Dict. sc. nat., t. x, p. 50); et Drapiez (Dict. classiq.

---

[1] *Mâle adulte* (pl. XX) : vert; gorge émeraude; thorax ceint d'azur; abdomen noir-velours.

Femelle : semblable au mâle.

Jeune : pas de bleu sur le thorax. De Saint-Thomas, de Porto-Rico, de la Martinique.

Pl. 20.

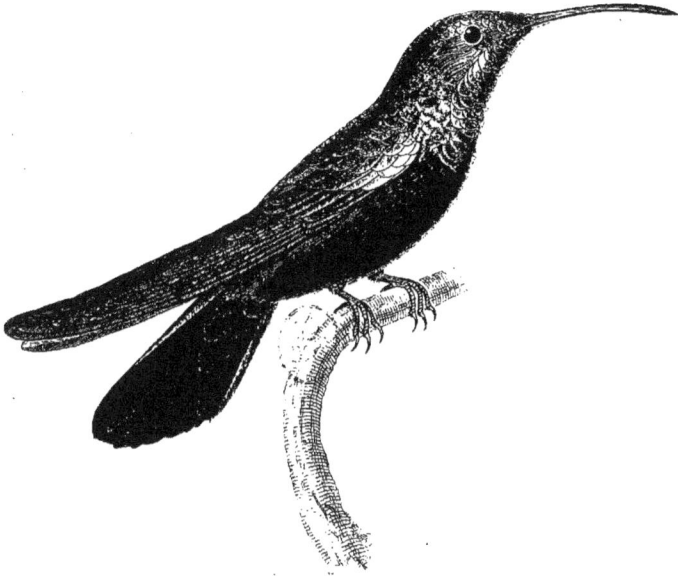

LE CARAÏBE, Adulte.

Publié par Arthus Bertrand.

Prêtre pinx.   Remond impres.t   Coutant sculp.

d'hist. nat., t. IV, p. 319). Le jeune âge est représenté sous le nom de colibri à ventre noir par
Audebert, dans la pl. LXV de ses Oiseaux dorés
(t. I, p. 159).

Le Caraïbe est trapu et robuste dans l'ensemble
de ses formes corporelles ; ses dimensions ne sont
au plus que de quatre pouces, et encore le bec
a dix lignes.

Les ailes, un peu plus longues que la queue,
sont minces, falciformes et brun-pourpré. Le bec,
légèrement recourbé, est noir ainsi que les tarses.
La queue est large, presque rectiligne, composée
de rectrices raides, larges, à extrémité coupée un
peu en rond, mais mucronée ou un peu angu-
laire au sommet. Toutes les rectrices sont, sans
aucune distinction, d'un bleu indigo métallisé,
luisant et très foncé, prenant parfois un aspect
noir soyeux.

Un vert-noir-bleu brillant et métallisé teint le
dessus de la tête, les joues, le cou, les épaules,
le dos et le croupion. Les couvertures inférieures
de la queue sont de ce même vert-doré, mais à
reflets bleu-d'acier. Un large plastron de plumes
écailleuses naît au menton, s'étend sur les jugulaires et s'arrête au haut de la poitrine, en jetant
le plus vif éclat de l'émeraude foncé, lorsque les
rayons lumineux frappent directement ; produisant, au contraire, une écharpe vert-noir-velours

au milieu et vert foncé doré sur les côtés, lorsque ces mêmes rayons lumineux sont dirigés obliquement. Au bas du cou, et sous cette raie vert-noir séricéeux, apparaît une plaque plus ou moins large d'un azur scintillant et très métallisé, offrant de légères teintes irisées. Le thorax, le ventre, les flancs, sont noir-velours ou parfois seulement noir-brun; la région anale est d'un blanc de neige, et les couvertures inférieures de la queue sont amples et du plus beau bleu d'acier.

La femelle ressemble au mâle, suivant Brisson, et les jeunes ont le vert de la gorge peu brillant, le bleu du thorax noirâtre et à peine apparent; le bas du corps en dessous noir-brunâtre. En cet état c'est le colibri à ventre noir d'Audebert, figuré pl. LXV des Oiseaux dorés.

Ce colibri, très caractérisé et très orné, paraît vivre exclusivement dans les îles Antilles, et nullement au Mexique. Les nombreux individus que nous avons étudiés dans les collections de M. Florent Prévost, et ceux du Muséum, provenaient de l'île Saint-Thomas et de Porto-Rico, d'où les avait envoyés Maugé, et aussi de la Martinique. Ces localités légitiment donc le nom de Caraïbe, que nous lui avons imposé pour le distinguer convenablement.

Brisson et Buffon assurent que ce colibri se trouve à Cayenne, et M. Vieillot dit qu'on le

Pl. 21.

COLIBRI HIRSUTE, Adulte.

Publié par Arthus Bertrand.

Prêtre pinx.	Rémond impres.	Coutant sculp.

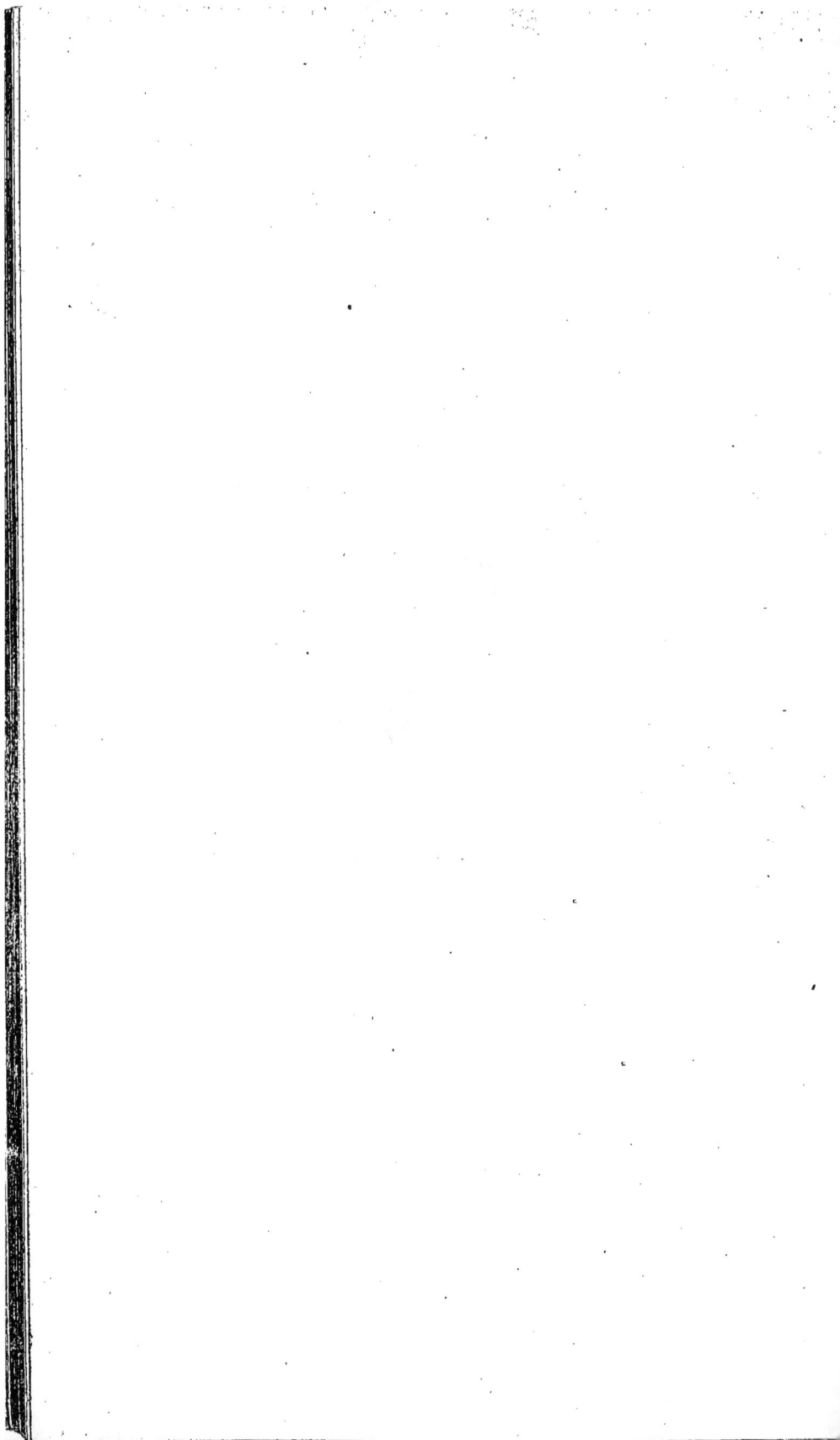

rencontre au Mexique, à la Guiane, à Saint-Domingue, à Porto-Rico et au Brésil. Mais ces localités nous paraissent douteuses, et nous le
croyons exclusivement des îles américaines du
golfe mexicain.

(PL. XXI.)

LE COLIBRI HIRSUTE, ADULTE [1].

(*TROCHILUS HIRSUTUS.*)

Le colibri Hirsute, ou aux pieds vêtus, a reçu son nom de ce que les tarses sont recouverts de quelques petites plumes au dessous de l'articulation. Il paraît avoir été décrit par Brisson (Orn., t. III, p. 670) sous le nom de *Polythmus brasiliensis*. C'est bien certainement le *Trochilus brasiliensis* de Latham (Ind., esp. 23), qui est le *Trochilus hirsutus* de Linné, de Gmelin, de Vieillot (nouv. Dict. nat., t. VII, p. 352; et Ency., t. II, p. 356, esp. 34), de Dumont (Dict. sc. nat., t. X, p. 47), et de Drapiez (Dict. class. d'hist. nat., t. IV, p. 319). L'adulte est figuré sous le nom de Colibri aux pieds vêtus, par Audebert, pl. XX des Oiseaux dorés, et le jeune, par Vieillot, pl. LXVIII du même ouvrage.

Le colibri Hirsute a la plus grande analogie dans l'ensemble de ses caractères avec la femelle

---

[1] *Adulte* (pl. XXI) : vert-doré; roux vif en dessous; queue rousse à la base, puis noire, œillée de blanc; mandibule supérieure noire, l'inférieure blanche. Du Brésil.

du brin blanc. Cependant les divers individus
que nous avons eu occasion de voir dans les collections, toujours semblables, différaient notablement des dépouilles des femelles de brin blanc à
couleurs et à caractères indélébiles. Il en résulte
qu'il se pourrait que l'Hirsute soit le sexe féminin d'une espèce dont le mâle nous serait inconnu. Dans l'état actuel de nos connaissances,
nous devons supposer que les deux sexes de l'Hirsute ne diffèrent point l'un de l'autre.

Le colibri Hirsute est long de quatre pouces
six lignes, et, dans ces dimensions, le bec entre
pour quatorze lignes et la queue pour douze lignes.
Ses ailes sont presque aussi longues que la queue,
et celle-ci est ample et arrondie à son extrémité,
ce qui est dû à la diminution graduée des rectrices
latérales. Les ailes sont minces, falciformes, d'un
brun-pourpré.

Le bec, recourbé dans toute son étendue, a la
mandibule supérieure d'un-noir mat, tandis que
l'inférieure est jaune-serin clair ou blanchâtre.
Les doigts des pieds sont jaunes et garnis d'un
léger duvet roussâtre au talon.

Le dessus du corps, du front aux couvertures
supérieures de la queue, est teint en vert-doré
frais et brillant, différant sous ce rapport du
vert-blond de la femelle du brin blanc. Tout le
dessous du corps, à partir du menton, le devant

du cou, le thorax, le ventre, les flancs et les couvertures inférieures de la queue, sont d'un rouge-
brique ou cannelle d'une teinte générale vive et
nette. Les deux rectrices moyennes sont vert-doré
en dessus. Toutes les latérales sont d'un ferrugineux foncé dans leur plus grande étendue, puis
noir mat à leur bordure, et terminées chacune
par un large œil blanc pur.

Le jeune âge de cette espèce, qui nous est inconnu, a été figuré par Audebert, pl. LXVIII
(Ois. dorés, t. 1), et sa description le représente
avec une livrée où le brun et le roux dominent.
Le brun règne sur le corps, avec des nuances
plus foncées sur la tête, passant au vert brillant
sur le cou, le dos, le croupion, tandis que le
roux est le partage des parties inférieures et des
tarses, mais en prenant une teinte sale sur le
ventre et claire sur la queue.

Le colibri Hirsute habite le Brésil, où il paraît
être rare : l'individu qui a servi de type à notre
planche est dans les galeries du Muséum de Paris.

Pl. 22.

LE RUFICOL.

Publié par Arthus Bertrand.

Prêtre pinx.   Rémond imprr.   Coutant sculp.

(Pl. XXII.)

LE COLIBRI RUFICOL [1].

(*TROCHILUS LEUCURUS.*)

Le Ruficol est une des espèces de colibris les mieux caractérisées et les plus distinctes. Tous les individus qui nous sont parvenus offraient exactement la même livrée.

Ce colibri est gravé dans les glanures d'Edwards, pl. CCLVI, sous le nom de *the white tailed Humming-bird.* Buffon le figura assez exactement dans sa planche enluminée DC, f. 4. (Buff., édit. Sonnini, t. xvii, p. 285), en l'appelant le *Collier rouge.* Nous en trouvons un médiocre dessin dans le tome iii inédit des Oiseaux dorés, pl. VI, sous le nom de Colibri à collier rouge. C'est le *Polythmus surinamensis* de Brisson (Orn., t. iii, p. 674), le *Trochilus leucurus* de Linné (Esp. 6), de Latham (Esp. 9), de Vieillot (Ency., t. ii, p. 553, et pl. CXXIX, f. 5), de Dumont (Dict. sc. nat. t. x, p. 52), et de Drapiez (Dict., class. d'hist. nat., t. iv, p. 317).

---

[1] *Mâle* (pl. XXII) : vert; une plaque d'un roux vif devant le cou; deux traits blancs sur la joue; ventre gris; queue blanche en dessous, terminée de noir. De Surinam.

6.

Le Ruficol est long de quatre pouces six lignes,
en y comprenant treize lignes pour le bec. Ses
ailes sont minces, plus longues que la queue,
qu'elles débordent légèrement. Celle-ci, formée
de rectrices médiocres et graduées, est légèrement arrondie à l'extrémité.

Son bec est brunâtre-corné et les tarses sont
bruns. Le dessus de la tête, du cou, du dos, et
les épaules sont vert-doré. Le menton est verdâtre,
ainsi que les joues et surtout les plumes auriculaires. Un trait roux vif contourne la partie supérieure de l'œil, un trait blanc règne à l'angle de
la commissure; mais ce qui distingue ce colibri
de tout autre est une cravate plus large que haute,
qui occupe le devant du cou, et qui est colorée
en marron vif, mais sans reflets. Le bas du cou,
et le haut du thorax, sont vert-doré. A partir de
la poitrine, tout le dessous du corps est gris fuligineux clair. Les couvertures inférieures de la
queue, amples et arrondies, sont vertes bordées
d'un liseré blanc. Les rectrices moyennes sont
vert-doré; les latérales sont blanchâtres ou gris
clair, tachées en biais de noir mat à leur extrémité.
Les rémiges sont brun-pourpré.

On ignore quelle est la livrée des âges adultes
ou jeunes; et celle des deux sexes chez cette espèce, qui paraît être rare, car nous n'en connaissons qu'un individu conservé dans les gale-

ries de Paris, et qui a servi de modèle à notre
planche.

Le Ruficol habite la Guiane hollandaise, et
c'est de Surinam qu'ont été envoyés les individus
décrits par les auteurs que nous avons cités.

(Pl. XXIII.)

LE COLIBRI SIMPLE [1].

(*TROCHILUS SIMPLEX*. Lesson, Traité d'ornith., p. 291.)

Ce petit colibri a trois pouces trois lignes de longueur totale, et son bec a seul dix lignes. Il est noir, légèrement recourbé, et un peu renflé à son extrémité. Ses ailes, minces et étroites, sont aussi longues que la queue, qui est légèrement fourchue.

Le front est gris-brunâtre. Tout le plumage en dessus est d'un vert-doré brillant, légèrement teint de roux sur le croupion. Les rectrices sont vertes et les rémiges brunes-pourprées. La gorge, les joues, les côtés du cou sont d'un blond-roux teinté de gris. La poitrine, le ventre et les flancs sont d'un roux-cannelle fort vif. La région anale est blanche, et les couvertures inférieures de la queue sont rousses. Les rectrices en dessous sont rousses à leur base, bleu d'acier à leur milieu, et terminées de blanchâtre.

Ce colibri, que nous a communiqué M. Canivet, habite le Brésil.

---

[1] La diagnose du mâle sera : plumage vert; gorge vineuse; corps roux vif en dessous; queue égale ou un peu fourchue, noire, œillée de fauve; bas-ventre blanc. Du Brésil.

Pl. 23.

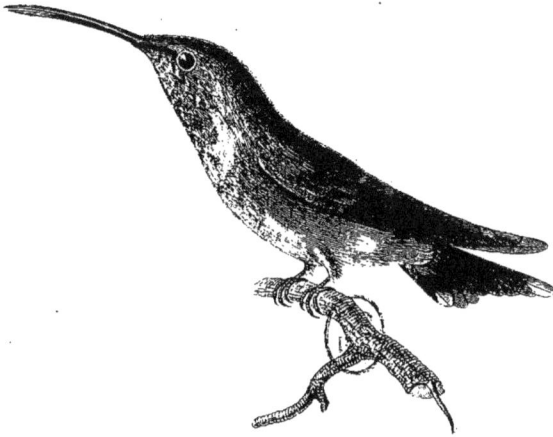

COLIBRI SIMPLE.

Publié par Arthus Bertrand.

Bévalet pinx.   Rémond impres.º   Coutant sculp.

Pl. 24.

COLIBRI DE PRÉVOST, Jeune.

Publié par Arthus Bertrand.

Prêtre pinx.   Rémond impres.t   Teillard sculp.

(Pl. XXIV.)

LE COLIBRI DE PRÉVOST.

(*TROCHILUS PREVOSTII.* Lesson.)

Le colibri que nous figurons est le jeune âge d'une espèce dont la livrée adulte nous est complètement inconnue. A sa tache gutturale noire, au blanc sale qui teint le devant du corps, à sa queue violette, on le prendrait pour le jeune colibri à plastron noir ; mais il s'en distingue non-seulement par son bec plus court et presque droit, mais encore par ses plumes, qui sont vert-doré et frangées de roux, disposition qui ne se rencontre que chez le Rhamphodon tacheté et chez la femelle du brin blanc.

Long de quatre pouces quatre lignes, ce colibri a la queue plus courte que les ailes, et les rectrices à peu près égales à leur sommet. Le bec, mince, grêle et noir, a huit lignes. Les ailes sont falciformes, minces, brun-pourpré. Les plumes du dessus de la tête sont brunes à légers reflets verts, mais toutes sont assez largement bordées de roux vif pour donner au front et au dessus de la tête un aspect roussâtre. Une sorte de petit sourcil roux surmonte l'œil. Les plumes de la région auriculaire sont noires, picotées de roux; le dos, les couvertures des ailes, le croupion, sont vert-émeraude très vif, mais chaque plume est également frangée de roux, ce qui les fait paraître écailleuses. Les couvertures supérieures sont vert-doré brillant, à peine terminées de fauve. Une tache blanchâtre règne sur le croupion.

Un trait noir longitudinal part du gosier, et s'étend jusqu'à la partie supérieure de la poitrine. Les côtés de cette tache noire sont blancs, et sur les jugulaires apparaissent des plumes roussâtres qui remontent jusqu'à la commissure du bec. Tout le devant du corps, à partir du bas du cou jusqu'à la région anale, est blanchâtre mêlé de grisâtre. Les flancs sont vert-doré. Les tarses sont bruns; les couvertures inférieures de la queue sont brunâtre-vert et bordées de roux vif.

La queue se compose de rectrices peu larges, minces, et arrondies à leur sommet. Les moyennes sont vert obscur métallisé, et les latérales, d'un rouge-noir luisant au milieu, sont largement bordées de noir-bleu d'acier, et terminées de fauve à leur sommet anguleux.

Nous sommes redevables de ce colibri à M. Florent Prévost; on ignore de quelle partie de l'Amérique méridionale il provient.

Pl. 25.

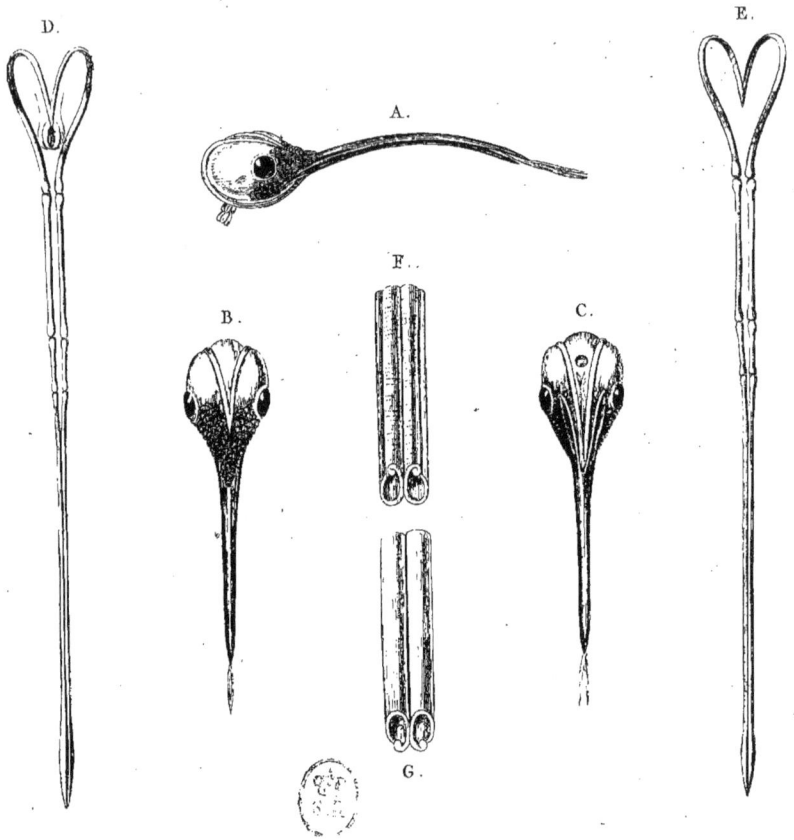

COLIBRIS, DÉTAILS ANATOMIQUES.

A. La Tête vue de profil.

B. La Tête vue en dessus.

C. La Tête vue par la Base du Crâne.

D. La Langue vue en dessus.

E. La Langue vue en dessous.

F. Tronçon très grossi de la langue, vu en dessus.

G. Tronçon très grossi de la langue, vu par sa face inférieure.

Publié par Arthus Bertrand.

Prêtre pinx.   Rémond imprest   Teillard sculp.

(PL. XXV.)

DÉTAILS ANATOMIQUES ET CARACTÈRES

DES COLIBRIS.

A. La tête d'un colibri vue de profil; la langue sort
du bec et apparaît au dehors avec ses deux bi-
furcations lamelleuses; le crâne est surmonté
des deux Branches de l'os hyoïde, qui le con-
tournent et qui le pressent de manière à se détendre comme un ressort, quand l'oiseau veut
darder sa langue au fond des fleurs pour y saisir les insectes qui lui servent de nourriture.

B. La tête, vue par sa partie supérieure, de manière
que les deux branches de l'os hyoïde viennent
s'unir à angle aigu sur le front.

C. La tête, vue par la base du crâne.

D. La langue, très grossie, sans ses annexes, et tenant encore à l'os hyoïde et à ses deux cornes,
ainsi qu'au larynx vu par la face supérieure.

E. La langue, vue en dessous, attachée à l'os hyoïde
seulement, et séparée à sa pointe en deux lamelles ou cuillers lancéolées, amincies, se rap-
prochant pour embrasser et saisir, dans leur

intervalle, les corps que le tube contractile doit, en se retirant, amener à l'entrée de l'œsophage.

F. Tronçon très grossi de la langue, vu en dessus, et donnant une idée complète de la manière dont sont unis les deux cylindres accolés qui en composent le tube contractile.

G. Autre tronçon très grossi de la langue, vu par sa face inférieure.

SUPPLÉMENT

A L'HISTOIRE NATURELLE

DES

OISEAUX-MOUCHES.

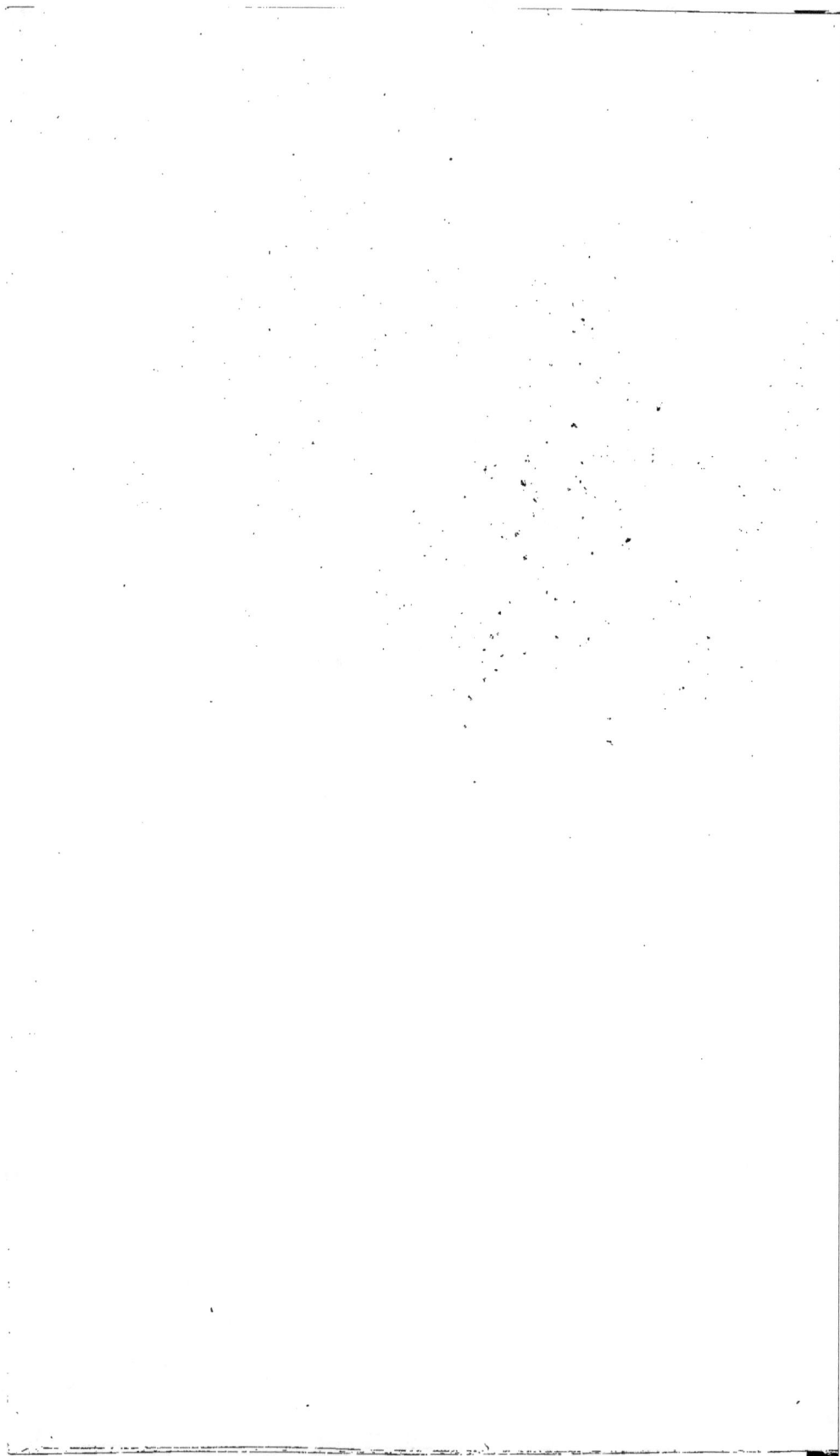

RÉFLEXIONS SOMMAIRES.

La dix-septième livraison des *Oiseaux-Mouches* n'était pas publiée que déjà de nouvelles espèces vinrent réclamer un supplément aux quatre-vingt-trois figures que renferme notre premier travail. Une sorte d'émulation s'empara des collecteurs, et de nombreuses espèces d'oiseaux-mouches sont venues dans ces derniers temps fournir à l'étude de ce genre des moyens de recherche et d'investigation bien plus complets que ceux dont nous avions à nous servir lorsque nous avons entrepris le volume que le public a si favorablement accueilli. Ce supplément contiendra lui-même trente-neuf planches d'oiseaux-mouches nouveaux ou bien les femelles et les jeunes d'espèces déjà connues, mais dont les livrées diffèrent complètement de celles des mâles dans le plumage parfait. Nous nous sommes attachés à donner le plus possible les divers états des oiseaux-mouches. La livrée, presque toujours si différente de ce qu'elle doit être un jour, rend ces petits êtres l'écueil des nomenclatures, et encombre la science d'une foule d'espèces nominales. C'est ce qui fait qu'on ne saura jamais quelles sont certaines des espèces de Latham, de Linné, de Brisson ou de Buf-

fon, décrites d'après Pennant, Séba, Klein, Marcgrave, etc., et caractérisées par quelques phrases
vagues et succinctes. Ce qui intéresse vraiment un
ornithologiste, autre qu'un vulgaire descripteur,
est positivement cette connaissance des métamor-
phoses que subit le plumage d'un oiseau aux
diverses époques de sa vie, et les modifications
qu'elles impriment à son aspect extérieur; et,
sous ce rapport, à part les oiseaux Échassiers,
nous ne croyons pas qu'il y ait une famille dans
toute la série ornithologique qui soit plus difficile à étudier que celle des oiseaux-mouches.
Bien que nous ayons cherché avec le plus grand
scrupule à rapporter à leurs espèces des individus
à plumage variable et à proportions différentes de
celles des types généralement connus dans les collections, nous n'espérons pas avoir toujours réussi.
Les dépouilles qui nous parviennent des pays
lointains, mises en circulation par le commerce,
ne portent jamais avec elles de renseignemens sur
les mœurs, sur les habitudes des espèces, et presque toujours l'indication précise du pays où elles
vivent est erronée, et bien rarement nous savons
au juste de quelle province de l'Amérique méridionale elles nous sont envoyées.

Les descripteurs compilateurs n'ont pas peu
contribué à augmenter sans raison le nombre des
espèces. Linné et Latham donnèrent des noms à

des femelles, à des jeunes dont les types étaient eux-mêmes décrits sous une autre dénomination. Audebert n'a fait que renchérir sur ces deux auteurs, et M. Vieillot, qui est avant nous l'ornithologiste qui a fait connaître un plus grand nombre d'espèces vraiment nouvelles, a prodigué les termes scientifiques, et souvent trois de ces espèces en feraient à peine une. Pour en offrir quelques exemples, son oiseau-mouche Versicolore (*Trochilus versicolor*, Vieill., nouv. Dict., t. xxiii, p. 43o) est le jeune du Delalande (*Trochilus delalandi*, du même auteur); son oiseau-mouche de Prêtre et son oiseau-mouche Dufresne, sont le jeune et la femelle de celui nommé Duc, l'*Ornismya chrysolopha* de notre pl. VII, etc.

Il est donc très difficile, dans l'état d'imperfection où croupit l'histoire morale des oiseaux qui nous occupent, d'éviter de telles erreurs. Notre livre, ainsi que ceux de nos devanciers, sera la base d'un bon travail et d'un recueil riche et varié que les naturalistes futurs pourront entreprendre avec des matériaux neufs et plus parfaits que ceux qu'il nous a fallu mettre en œuvre.

En imprimant ces pages, il nous reste à faire partager nos regrets de ce que de nouvelles espèces sont dès ce moment enfouies dans notre portefeuille, où elles resteront jusqu'à ce que leur nombre puisse nous permettre de donner dans quelques années un supplément d'une soixantaine de nouvelles figures. Aux nombreuses espèces qui nous arrivent chaque jour, il sera certainement facile d'atteindre ce nombre en moins de deux années. Nous avions promis soixante-six planches dans ce second volume consacré aux Colibris, nous aurons tenu notre promesse.

Mais si nous avons trouvé chez les autres des lacunes relativement à des doubles emplois ou à des rapprochemens erronés, il est quelques corrections que nous avons nous-même à faire à notre *Histoire naturelle des Oiseaux Mouches*, et c'est avec empressement que nous les signalons aux amateurs, bien que ces indications ne portent le plus souvent que sur des détails de synonymie.

OISEAU-MOUCHE PÉTASOPHORE.

Pl. Ire.

M. Vieillot l'a figuré sous le nom de *Trochilus serrirostris*, pl. I, du tome 3e inédit des Oiseaux dorés.

OISEAU-MOUCHE AUX HUPPES D'OR, FEMELLE.

Pl. VIII.

C'est un jeune mâle n'ayant point encore pris sa livrée d'adulte.

OISEAU-MOUCHE A OREILLÈS D'AZUR, FEMELLE.

Pʟ. XI.

L'oiseau figuré, pl. XI, est évidemment distinct du *Trochilus auritus* ou de l'oiseau-mouche à oreilles d'azur. Ce sera *Ornismya nigrotis*.

OISEAU-MOUCHE A COURONNE VIOLETTE.

Pʟ. XIV.

C'est l'oiseau-mouche Jules Verreaux, de la pl. XXV du t. ɪɪɪ inédit des Oiseaux dorés de M. Vieillot. C'est très certainement le *Trochilus galeritus* de Molina (Chili, p. 219), de Latham et encore de Vieillot (Encycl., t. ɪɪ, p. 532).

OISEAU-MOUCHE A QUEUE SINGULIÈRE.

Pʟ. XV.

Nous avons vu plusieurs individus de cette espèce, en tout semblables à la figure que nous avons publiée, et le nombre des rectrices est bien celui que nous avons indiqué.

OISEAU-MOUCHE NATTERER.

Pʟ. XVI.

Il est figuré sous le nom de *Trochilus superbus*, pl. XV du t. ɪɪɪ inédit des Oiseaux dorés par Vieillot. Il a été décrit, dès 1823, par le même auteur et sous le même nom dans l'Encyclop. ornith., t. ɪɪ, p. 561, esp. 49.

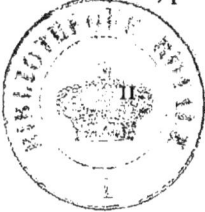

OISEAU-MOUCHE TEMMINCK.

Pl. XX.

Est évidemment une femelle de l'oiseau-mouche Médiastin. Espèce à supprimer.

OISEAU-MOUCHE SAPHO.

Pl. XXVII.

Figuré pl. VII du t. III inédit des Oiseaux dorés de M. Vieillot, sous le nom de colibri Verdor, *Trochilus chrysochloris*.

OISEAU-MOUCHE A BEC RECOURBÉ.

Pl. XXXVII.

Espèce réelle, bien distincte, et très curieuse par son bec anomal. *Voyez*, dans ce Supplément, l'histoire de l'oiseau-mouche Avocette, pl. XXIV.

OISEAU-MOUCHE DEMI-DEUIL.

Pl. XXXVIII.

C'est le *Trochilus fuscus* Vieillot (Encycl., t. II, p. 532, et Nouv. Dict., t. VII, p. 348). C'est encore le *Trochilus ater* du prince de Wied, voyez trad. française, t. II, p. 183.

LE SAPHIR, FEMELLE.

Pl. LVI.

Cet oiseau est une espèce distincte, dont nous avons vu plusieurs individus. Ce sera pour nous *Ornismya lactea*.

LE SWAINSON.

Pl. LXX.

C'est le *Trochilus elegans* d'Audebert, pl. XIV, des Oiseaux dorés (t. 1); décrit par Vieillot (Nouv. Dict., t. vii, p. 351, et Encycl., t. ii, p. 556, esp. 31); et par Dumont et Drapiez, sous le nom de *colibri Hausse-Col à queue fourchue.*

L'ARLEQUIN.

Pl. LXXII.

M. Vieillot, t. iii inédit des Oiseaux dorés, en donne la figure d'une variété décrite par Latham.

(Pl. Ire.)

L'OISEAU-MOUCHE ZÉMÈS [1].

(ORNISMYA DUPONTII. Lesson.)

Cette gracieuse espèce, qui appartient à la tribu des oiseaux-mouches, dont les formes sont grêles et les rectrices allongées, vient prendre place à côté des Ornismyes à queue singulière et Cora.

Sa longueur totale est de trois pouces quatre lignes, et encore dans ces proportions sont comprises celles d'un bec grêle, mince, aciculé, long au plus de six lignes, et de la queue qui en a vingt.

Le plumage est en dessus d'un vert-doré chatoyant, interrompu sur le croupion par une ceinture blanche. Une plaque noire, lorsqu'elle n'est point éclairée; d'un riche bleu, sous les rayons de la lumière, couvre la gorge, les joues, et s'arrête au milieu du cou. Un large collier blanc la borde au devant, et remonte sur les jugulaires. Les flancs et le ventre sont mélangés de vert, de

[1] *Mâle adulte* (pl. Ire) : vert-doré; gorge bleu-saphir chatoyant en violet; queue étagée; rectrices externes spatulées, rayées de rouge-bronzé, de fauve vif, de blanc et de brun. **Du Mexique.**

OISEAU-MOUCHE ZÉMÈS, Adulte.

Publié par Arthus Bertrand.

Prêtre pinx.   *Rémond impres.^t*   *Coutant sculp.*

brun et de blanchâtre, tandis que le bas-ventre est d'un blanc pur.

Le bec et les tarses sont noirs. Les ailes, minces, recourbées, falciformes, très étroites, ne dépassent point la naissance de la queue. Elles sont brun-pourpré comme chez toutes les espèces.

La queue de cet oiseau est remarquable par la disposition des rectrices externes qui sont les plus longues, et qui se rétrécissent vers leur extrémité pour s'élargir un peu ensuite, et affecter une forme spatulée. Les rectrices internes sont successivement plus courtes que les externes, uniformément larges et marquées de rouge-bronzé à leur base, ensuite de fauve vif, puis d'une zone blanche, d'une raie brune large et sont terminées de blanc pur.

Ce charmant oiseau-mouche habite le Mexique. Son nom spécifique français rappelle les Zémès, dieux qu'adoraient les Mexicains et les Haïtiens. Nous sommes redevables de la communication de la seule espèce connue à M. Dupont.

(Pl. 11.)

L'OISEAU-MOUCHE AUDENET [1].

(*ORNISMYA AUDENETII.* Lesson.)

Cette précieuse et rare espèce, dont nous ne connaissons qu'un seul individu que nous a communiqué M. Verreaux, et qui se trouve maintenant dans la belle collection de M. Audenet à Paris, est sans contredit un des oiseaux-mouches les plus remarquables par son élégance, sa riche vestiture, ses formes sveltes et les parures délicates qui ornent son cou. Il appartient à cette tribu brillante et fantastique qu'on ne peut se lasser d'admirer, et c'est à côté du Huppe-Col, du Hausse-Col blanc et du Vieillot qu'il devra prendre place, et c'est plus particulièrement avec ce dernier qu'il a de nombreux rapports.

A peine long de trois pouces, cet oiseau-mouche a le bec court, très mince, très grêle, long au plus de six à sept lignes. Les ailes sont très minces, très étroites, falciformes, et dépassent à peine le

[1] *Mâle adulte* (pl. II) : vert-doré-émeraude ; une bande noirâtre traversant le croupion ; deux faisceaux jugulaires verts, œillés de blanc ; queue arrondie, noir-bleu ; dessous du corps écailleux, à plumes brunes frangées de fauve. Du Pérou.

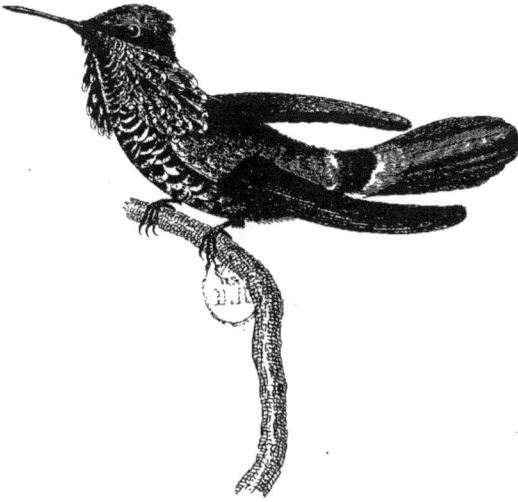

L'AUDENET, Adulte.

Publié par Arthus Bertrand.

Prêtre pinx.   *Rémond impres.*   *Coutant sculp.*

milieu de la queue. Celle-ci est très arrondie, médiocre.

Le bec et les tarses sont noirs. Les plumes du
sommet de la tête sont un peu lâches, un peu
touffues, bien qu'elles ne s'allongent point en
huppe. Elles sont d'un vert-doré frais et émeraudin, de même que celles du dos, du manteau
et des couvertures alaires. Une bande noire, bordée en dessus et en dessous d'une raie blanche,
traverse le croupion. Les couvertures supérieures
de la queue sont vertes. Les rémiges sont brun-
pourpré, et les rectrices, légèrement étagées entre
elles, sont d'un noir-bleu assez franc.

La gorge et le devant du cou sont recouverts
par une plaque de petites plumes écailleuses jouissant de l'éclat de l'émeraude, la plus transparente
et la plus chatoyante. De chaque côté du cou, sur
le rebord du plastron vert brillant, part une
touffe formée de nombreuses plumes étagées,
oblongues, arrondies, assez fermes, à tiges noires colorées en vert-émeraude, et marquées à
leur sommet par un œil blanc pur. Les plumes du
dessous du corps sont écailleuses, arrondies,
brun-noir à leur milieu, et bordées de fauve, de
sorte que tout le dessous du corps paraît être
émaillé. La région anale est blanchâtre.

Ce brillant oiseau-mouche vit, à ce qu'il paraît, au Pérou.

(PL. III.)

L'ANAÏS [1].

(*ORNISMYA ANAIS.* Lesson.)

L'Anaïs est, sans contredit, une des espèces les plus remarquables d'une famille riche et variée, et paraît être bien rare, puisque après que des milliers de dépouilles d'oiseaux-mouches eurent passé sous nos yeux, nous n'en avons jamais vu que deux individus conservés très soigneusement, l'un par M. Florent Prévost, pour sa curieuse collection d'oiseaux-mouches, et l'autre par M. Canivet, qui nous l'a obligeamment communiqué.

Ayant en totalité environ quatre pouces cinq lignes, cet oiseau a un bec long de dix lignes, et la queue de dix-huit. Son bec est mince, étroit, très légèrement recourbé et noir. Les ailes, assez larges et recourbées, sont brunes-pourprées. Le corps est remarquable par le beau

---

[1] *Mâle adulte* (pl. III) : corps d'un vert-émeraude éclatant; joues et régions auriculaires bleu-azur à reflets de saphir; du bleu éclatant sur le vert du cou, du thorax et de l'abdomen ; queue ample, arrondie, à rectrices larges, bleu-vert, bordée d'un ruban noir séricéeux ; bec-noir. Du Chili.

L'ANAÏS.

Publié par Arthus Bertrand.

Prêtre pinx.   Rémond impres.^t   Coutant sculp.

vert-émeraude qui colore le dessus de la tête, du cou, le dos, le croupion et les épaules. Tout le dessous du corps est également vert-émeraude, excepté sur les joues et sur les côtés du cou, où des écailles d'un azur à reflets d'acier étincellent avec éclat et forment deux plaques latérales sur les oreilles et sur les joues. Du bleu foncé occupe le devant du cou et surtout le milieu du thorax et du ventre. Les flancs sont verts et la région anale blanche.

La queue de cette espèce est remarquable par la brillante coloration des rectrices et par leur disposition. Ces rectrices sont larges, amples, arrondies à leur sommet, que marque une petite pointe mucronée et donnent à la queue une forme flabelliforme lorsqu'elle est ouverte. Celle-ci est en dessus d'un vert-foncé métallisé uniforme aux deux tiers supérieurs et à la pointe, tandis qu'une large bande noir-velours à reflets de fer spéculaire la borde en entier à son extrémité. En dessous les couleurs sont encore plus vives. C'est un bleu d'acier ou de fer spéculaire sur lequel se dessine une bande noir-bleu-indigo-pourpré. Les couvertures inférieures sont brunes à leur base, d'un gris blanc à leur milieu et sur leur bord, encadrant le vert-doré de toute leur partie terminale.

L'Anaïs vit au Chili, car cette espèce se trou-

vait dans un envoi d'oiseau fait à M. Canivet
par une personne voyageant dans cette contrée;
et M. Florent Prévost croyait avoir reçu la dépouille que nous avons figurée, de l'île de la
Trinité.

LE CHRYSURE.

Publié par Arthus Bertrand.

Prêtre pinx. Rémond, impres.º Coutant sculp.

(Pl. IV.)

L'OISEAU-MOUCHE CHRYSURE,

ADULTE [1].

(*ORNISMYA CHRYSURA*. Lesson.)

Cette nouvelle espèce d'oiseau-mouche est fort gracieuse, et les deux individus que nous avons étudiés nous ont été communiqués par M. Florent Prévost, et se ressemblaient en tout point.

Les dimensions complètes en longueur sont de trois pouces six lignes, tandis que le bec y est compris pour neuf lignes et la queue pour dix. Les ailes sont minces, recourbées, d'un beau brun-violet, et la queue, légèrement échancrée, se compose de rectrices larges et un peu acuminées.

Ce qui distingue au premier aspect cet oiseau, c'est sa queue, brillante en dessus comme en dessous d'un vernis d'or à reflets d'or-rouge de l'éclat le plus beau et le plus somptueux. Cette

---

[1] *Mâle adulte* (pl. IV) : vert-doré en dessus ; bec jaune ; menton roux ; cou et thorax vert-doré ; abdomen gris ; queue or très pur et très brillant. Du Brésil.

couleur métallique ne peut bien être exprimée que par le poli et le chatoiement des vases de vermeil travaillés par les meilleurs ouvriers.

Son bec, jaune serin, est noir à la pointe.

Le devant de la tête, et surtout le front, est brun sans reflets. Tout le dessus du corps, les épaules, le cou, le manteau, sont d'un vert-émeraude très doré, et plus brillant encore sur le croupion et sur les couvertures supérieures de la queue.

Un roux vif teint le menton. Le devant et les côtés du cou sont vert-doré, se dégradant en gris sur la poitrine. Le ventre et la région anale sont gris, et du vert-doré occupe les flancs. Les couvertures inférieures sont larges, blanches, et jaune-doré très vif au milieu. Les tarses sont brunâtres.

Cette jolie espèce, encore rare dans les collections, habite à ce qu'il paraît le Brésil.

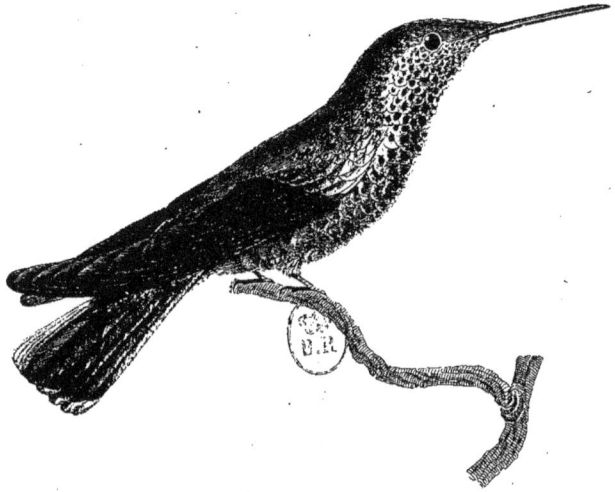

OISEAU-MOUCHE À COURONNE VIOLETTE, Femelle.

Publié par Arthus Bertrand.

Prêtre pinx.   *Rémond impres.*   *Coutant sculp.*

(Pl. V.)

OISEAU-MOUCHE A COURONNE

VIOLETTE, FEMELLE [1].

(*ORNISMYA SEPHANIOIDES*. Lesson.)

Nous avons découvert le mâle de cette espèce au Chili, et nous l'avons figuré dans la partie zoologique du *Voyage autour du monde*, de *la Coquille*, et dans notre *Histoire naturelle des oiseaux-mouches*, pl. XIV. La femelle nous était alors inconnue, et nous en sommes redevables aujourd'hui à l'obligeance de notre ami Longuemard, qui la possède dans sa collection.

Cette femelle, vêtue modestement comme toutes ses pareilles, et dépourvue de la belle couronne iodurée du mâle, a près de quatre pouces de longueur. Son bec, très droit, très court, n'a que six lignes. Les ailes, assez étroites, atteignent presque l'extrémité de la queue. Celle-ci se compose de rectrices larges, robustes et arrondies à leur sommet. Tout le dessus du corps est d'un

---

[1] *Femelle* (pl. V) : vert-doré en dessus ; tête vert-brun ; dessous du corps gris ; plumes de la gorge ocellées ; queue vert-doré, terminée de gris-blanc. Du Chili.

vert-doré brillant. Seulement les plumes du front et de la tête sont comme écailleuses et grises; toutes celles du devant du cou et de la gorge ressemblent aux plumes de la gorge du mâle, et se trouvent être gris-clair, mais ocellées de points ronds vert-doré. Tout le dessous du corps est grisâtre, et du vert teint les flancs; les couvertures inférieures sont gris-brunâtre cerclés de gris-clair. Les vestitures sont vert-doré en dessus, noires en dessous, et terminées de gris-blanc.

Cet oiseau habite le Chili.

OISEAU-MOUCHE MODESTE, Variété albine.

Publié par Arthus Bertrand.

Bévalet pinx. *Rémond impres.o* *Coutant sculp.*

(Pl. VI.)

L'OISEAU-MOUCHE MODESTE,

VARIÉTÉ ATTEINTE D'ALBINISME [1].

(*ORNISMYA SIMPLEX* , Lesson, *Oiseaux-Mouches* , pl. XXXIII.
TROCHILUS CIRROCHLORIS, Vieill., *Encycl.* , t. II, p. 560.)

Cette variété est fort remarquable, par le blanc-
pur qui teint l'occiput et qui annonce une tendance à l'albinisme qui se présente rarement sur
le plumage des oiseaux dorés.

La longueur totale de cet individu est d'environ quatre pouces trois lignes, y compris le bec,
qui a neuf lignes. Les ailes dépassent un peu la
queue, qui est régulièrement carrée ; le front est
brunâtre, légèrement vert et doré ; le cou, le dos,
les couvertures des ailes sont d'un vert-doré mélangé de brun. L'occiput et les côtés du cou sont
d'un blanc pur, dû à une dégénérescence de la
matière qui teint les plumes. Tout le dessous du
corps est brun, légèrement mélangé de vert sur
le devant du cou et sur les flancs. La queue, en

---

[1] *Variété albine* (pl. VI) : corps vert-doré en dessus, brun en
dessous ; des taches blanches sur la tête et le cou. Du Brésil.

dessous, est d'un brun d'acier bruni. Les rémiges, à baguettes élargies, sont brunes-pourprées.

Cette variété nous a été communiquée par M. Canivet, et provenait du Brésil.

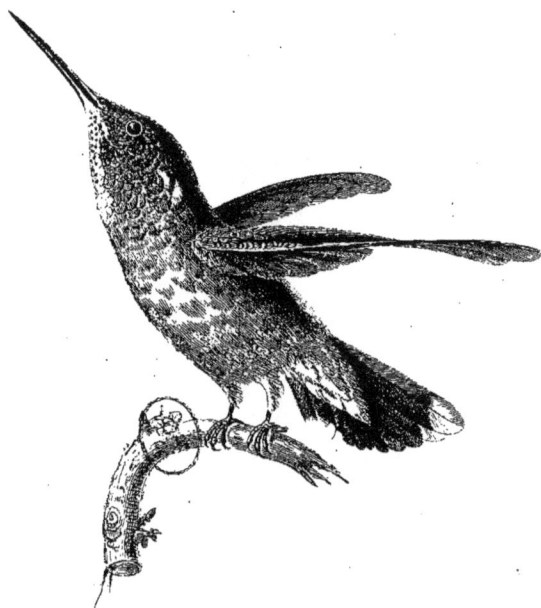

L'ANNA, Jeune âge.

Publié par Arthus Bertrand.

Bévalet pinxt.　　　　Rémond imprest.　　　　Coutant sculp.

(Pl. VII.)

L'OISEAU-MOUCHE ANNA,

JEUNE MALE [1].

(*ORNISMYA ANNA*. Lesson.)

L'âge complètement adulte de l'oiseau-mouche Anna a été figuré pl. LXXIV de notre premier volume. Le jeune en diffère en ce que le plumage est sur le corps d'un vert-doré peu éclatant, et en dessous d'un gris-ardoisé clair, auquel se joint du blanchâtre sur le milieu du ventre; du verdâtre-métallisé sur les flancs et devant la gorge, où apparaissent des points noirs. Le plastron écailleux, qui enveloppe le cou de l'oiseau en parure complète, ne se manifeste que par quelques écailles métallisées et purpurines, formant deux lignes sur les jugulaires, et une petite plaque derrière les oreilles. La belle calotte violette qui recouvre la tête de l'adulte ne paraît point, et cette partie, dans le jeune âge, est d'un brun-verdâtre terne.

[1] *Jeune mâle* (pl. VII) : vert-doré sale en dessus, grisâtre et blanchâtre en dessous; quelques écailles purpurines sur les côtés de la gorge; queue presque égale, noire, terminée de blanc sur les côtés. De la Californie.

II. 8

Long d'un peu plus de trois pouces, l'individu que nous avons figuré avait les couvertures inférieures de la queue blanches, et les rectrices presque égales; les moyennes, brun-mat, et les latérales brunes, mais terminées de blanc.

Son bec et ses tarses sont noirs, ses ailes brunes-pourprées et les joues grisâtres.

Cet oiseau a été rapporté de la Californie par M. Botta, et nous a été communiqué par M. Florent Prévost.

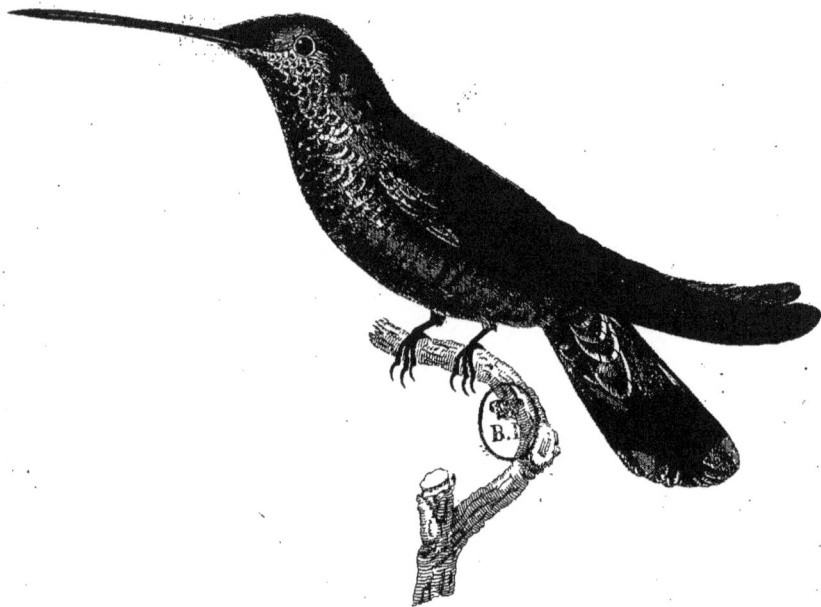

OISEAU-MOUCHE DE CLÉMENCE, Femelle.

Publié par Arthus Bertrand.

Prêtre pinx. *Rémond impres.ᵗ* *Coutant sculp.*

(Pl. VIII.)

L'OISEAU-MOUCHE DE CLÉMENCE,

FEMELLE [1].

(*ORNISMYA CLEMENCIÆ*, Lesson.)

Nous sommes heureux de pouvoir faire connaître l'individu femelle de la belle espèce dont
nous avons figuré le mâle pl. LXXX de nos
Oiseaux-Mouches.

Sa taille est de cinq pouces moins quatre lignes; le bec n'a pas moins de treize lignes. Il est
robuste, fort, noir, légèrement recourbé. La
queue, longue de quinze lignes, est large, étoffée,
composée de rectrices égales, larges et arrondies
à leur sommet. Les ailes, robustes et puissantes,
atteignent l'extrémité de la queue. Les rémiges
sont larges, solides et d'un brun-pourpré uniforme. Les rectrices moyennes, vertes et dorées
en dessus et en dessous , sont sur les côtés d'un
brun-noirâtre plus foncé vers leur extrémité, excepté le bout des externes qui est œillé de blanc.

---

[1] *Femelle* (pl. VIII) : corps vert-doré en dessus; occiput brun ;
un trait blanc derrière l'œil ; dessous du corps gris-brun-foncé ; rectrices ocellées de blanc. Du Mexique.

8.

Le dessus de la tête est vert-brunâtre sans éclat. Tout le plumage du corps et des épaules est d'un vert-doré-glacé. La gorge est revêtue de plumes dessinées en écailles, dont le centre est brun et le pourtour de teinte claire, tandis que tout le dessous du corps, les flancs et le ventre sont d'un brunâtre auquel, sur les côtés, se joint du vert-doré. La région anale est blanche et les couvertures inférieures sont vertes et brunes, bordées et terminées de blanc.

Cet oiseau-mouche a sur les rebords des ailes des sortes de petites plumes rangées en écailles imbriquées, qui doivent servir à la rapidité du vol, car on les observe chez toutes les grandes espèces, et elles sont rudimentaires chez celles à taille minime.

Cette espèce habite le Mexique. La femelle, type de notre gravure, nous a été communiquée par M. Dupont.

OISEAU-MOUCHE BARBE-BLEUE, Jeune adulte.

Publié par Arthus Bertrand.

Prêtre pinx.   *Rémond imprest*   *Coutant sculp*

(Pl. IX.)

L'OISEAU-MOUCHE BARBE-BLEUE,

JEUNE ADULTE [1].

(*ORNISMYA CYANOPOGON* , Lesson.)

L'individu que nous décrivons ici diffère peu de l'oiseau-mouche figuré pl. V de notre premier volume; il s'en distingue par quelques nuances, bien qu'on le reconnaisse à son bec noir un peu recourbé, à ses rectrices externes étroites et terminées en pointe, à sa queue fourchue, à ses ailes qui s'étendent jusqu'à leur milieu.

Son plumage est vert-doré en dessus, plus brillant sur le croupion; une cravate écailleuse, échancrée profondément, occupe tout le devant de la gorge; les plumes qui la composent ne sont point gaufrées comme elles le deviennent plus tard lorsque l'oiseau vieillit. Leur éclat est celui du fer spéculaire chatoyant et irisé. La poitrine, et une sorte de demi-collier qui remonte pour entourer le cou, sont d'un blanc lavé

---

[1] *Jeune adulte* (pl. IX) : vert-doré en dessus; plastron bleuirisé; corps roussâtre; verdâtre en dessous. Du Mexique.

de roux sur le bord. Tout le ventre et les flancs sont variés de vert, de blanc et de roussâtre, et les couvertures inférieures sont blanches. La queue est noire en dessus. Cet oiseau vit au Mexique.

OISEAU-MOUCHE BARBE-BLEUE, Jeune âge.

Publié par Arthus Bertrand.

Prêtre pinx.   *Rémond imprès.^t*   *Coutant sculp*

(Pl. X.)

L'OISEAU-MOUCHE BARBE-BLEUE,

JEUNE [1].

(*ORNISMYA CYANOPOGON*. Lesson.)

Reconnaissable à son bec long, mince, grêle et légèrement recourbé, l'oiseau-mouche barbe-bleue est caractérisé dans l'âge adulte, et par sa gorge bleu-pourpré, et par ses rectrices étroites et pointues. Le jeune âge diffère considérablement sous ce rapport de la livrée parfaite des mâles, puisque sa queue est courte, composée de rectrices arrondies et légèrement graduées entre elles. C'est du reste une remarque qui s'est fréquemment présentée à nous, que cette disposition arrondie de la queue chez les jeunes ou chez les femelles, tandis que les mâles ont souvent leurs rectrices disposées dans des formes toutes spéciales.

Vert doré éclatant en dessus du corps, l'oiseau-mouche barbe-bleue jeune est d'un blanc légèrement teint de jaunâtre sous le ventre, à partir du

---

[1] *Jeune* (pl. X) : vert-doré éclatant en dessus, jaunâtre en dessous; quelques écailles purpurines sur la gorge. Du Mexique.

menton jusqu'aux couvertures inférieures de la queue ; seulement deux ou trois écailles d'un rubis ou de fer spéculaire décèlent par leur présence l'apparition complète des écailles larges et étoffées qui brillent devant le cou des mâles dans leur parure complète. Les ailes, minces et étroites, sont brun-pourpré, et les rectrices sont brun-bleuâtre, relevé d'une tache blanche à leur extrémité : elles sont assez larges et non étroites comme celles des mâles. Un sourcil roux surmonte l'œil. La gorge, la poitrine et les flancs sont lavés de buffle clair. Le milieu du ventre et les couvertures inférieures de la queue sont blanches

La tête est grise en dessus ; le bec et les tarses sont noirâtres.

La longueur totale de cet oiseau, à l'âge que nous avons figuré, et qui nous semble être sa première année, est de deux pouces dix lignes, et le bec entre dans ces dimensions pour dix ou onze lignes.

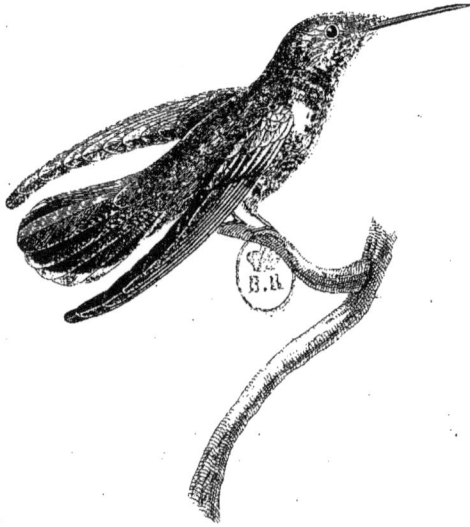

LE SASIN, Livrée de jeune âge.

Publié par Arthus Bertrand.

Prêtre pinx. *Rémond impres.* *Coutant sculp.*

(Pl. XI.)

LE SASIN, JEUNE FEMELLE [1].

(*ORNISMYA SASIN*. Lesson.)

L'individu que nous avons fait figurer comme étant une jeune femelle du Sasin, avait été rapporté de la Californie par le docteur Botta, qui l'avait étiqueté sur les lieux, et nous a été communiqué par M. Florent Prévost. Par sa livrée il diffère beaucoup du mâle que nous avons représenté pl. LXVI de nos oiseaux-mouches.

L'individu que nous décrivons ici a deux pouces neuf lignes de longueur totale. Son bec mince, grêle, entre dans ces dimensions pour huit lignes. Il est noirâtre, ainsi que les tarses. Les ailes sont aussi longues que la queue; elles sont minces, étroites, d'un brun très peu pourpré. La queue est légèrement arrondie par le raccourcissement des pennes latérales, qui diffèrent par leur forme de celles du mâle adulte, car elles sont plus larges et coupées en rond au sommet.

---

[1] *Jeune femelle* (pl. XI): vert-doré gris en dessus; gris clair en dessous; queue verdâtre-brun, arrondie, terminée de blanc sur les côtés. De la Californie.

La tête et le cou sont en dessus d'un vert très grisâtre, plus franchement vert-doré sur le manteau, et vert-roux sur le croupion. Ces teintes grises, et surtout la couleur rousse du croupion, sont dues à ce que les plumes vertes sont plus ou moins frangées en leurs bords de gris ou de roux. Les couvertures supérieures de la queue sont vert-doré, et les épaules d'un vert-grisâtre.

Le dessous du corps est en entier, à partir du menton, d'un gris-blanchâtre, qui s'éclaircit encore sur le ventre et sur les couvertures inférieures de la queue. Les rectrices moyennes sont vert-doré; les latérales, graduellement plus courtes, sont à leur base d'un vert qui se change en noir, puis leur extrémité est d'un blanc pur.

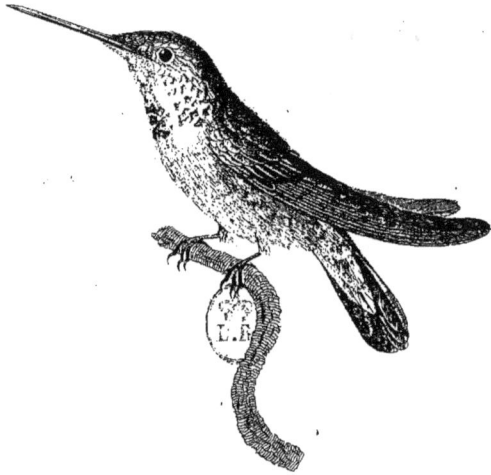

LE SASIN, En plumage de deuxième année.

Publié par Arthus Bertrand.

Prêtre pinx.   *Rémond impres.o*   *Coutant sculp.*

(Pl. XII.)

LE SASIN,

LIVRÉE DE DEUXIÈME ANNÉE [1].

(*ORNISMYA SASIN*. Lesson.)

L'individu que nous décrivons a le bec et les tarses noirs; la tête grisâtre en dessus. Le plumage vert-doré sur le dos, le cou et les épaules, est rouge-chocolat-foncé sur le croupion et les couvertures supérieures de la queue. Celle-ci est très courte, brun-vert en dessus et brunâtre en dessous. La gorge, le devant du cou, le ventre blanc, sont teints de vert-doré près des joues et sur les jugulaires, les flancs et le bas-ventre, de même que les couvertures inférieures qui sont d'un roux-marron vif.

Les ailes dépassent la queue et sont brun-pourpré; quelques lamelles rubis peu brillantes se dessinent sur le devant du cou.

---

[1] *Livrée de deuxième année* (pl. XII): vert-doré en dessus; croupion rouge-brun; corps blanchâtre en dessous; quelques points vert-doré sur les joues; ventre roux-marron vif.

(Pl. XIII.)

LE SASIN ,

LIVRÉE PRESQUE ADULTE [1].

(*ORNISMYA SASIN.* Lesson.)

Aux formes et à la coloration offertes par l'âge précédent, se joint un brun-marron-foncé sur le bord de la queue ; une teinte vert-doré plus franche sur le corps ; des rectrices noires, œillées de blanc en dessous ; les flancs et les couvertures inférieures d'un roux qui tranche sur le blanc, mêlé au grisâtre du ventre. De nombreuses écailles rubis et chatoyantes, apparaissent sur le devant de la gorge, et se pressent pour donner naissance au plastron métallisé qui doit la recouvrir.

[1] *Livrée de deuxième année* (pl. XIII) : vert-doré ; couvertures supérieures marron foncé ; rectrices brunes œillées de blanc ; flancs et dessous du corps roux ; des écailles métallisées purpurines sur la gorge. De la Californie.

Pl. 13.

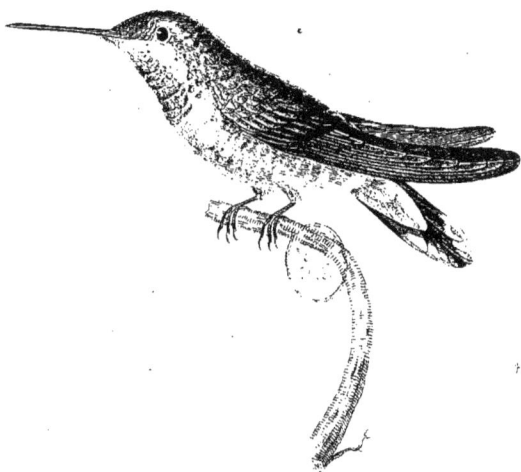

LE SASIN, Prenant sa troisième livrée.

Publié par Arthus Bertrand.

Prêtre pinx.   Rémond impres.   Couand sculp.

le tricolore

(Pl. XIV.)

LE TRICOLORE [1].

(*ORNISMYA TRICOLOR.* Lesson.)

Cette nouvelle espèce a de longueur trois pouces six lignes; le bec à neuf lignes et la queue douze. Ses ailes sont minces, petites et ne s'étendent que jusqu'à la moitié de la queue; celle-ci est composée de rectrices légèrement inégales; les moyennes, latérales, amincies et comme mucronées à leur sommet, et les deux plus externes simplement arrondies.

Le bec est noir, long, mince, très droit et effilé. Les tarses, vêtus jusqu'aux doigts, sont bruns; le front est vert-grisâtre; tout le dessus du corps, à partir du vertex, est d'un vert-doré brillant. Les épaules sont vert-métallisé, et les ailes d'un brun-pourpré-mat. Une plaque rubis occupe la gorge et le devant du cou, et se trouve

---

[1] *Mâle adulte* (pl. XIV) : bec noir; dos et dessus du corps vert-doré; gorge et haut du cou en devant rubis; milieu du cou blanc; thorax et ventre gris; flancs gris, teintés de vert; couvertures inférieures de la queue gris flammé de brun; queue verte en dessus; les rectrices externes brunes, et accuminées à leur sommet. Du Brésil.

bordée inférieurement par une sorte de collier blanc. Le thorax et le ventre sont d'un gris qui s'étend sur les flancs en prenant des reflets vert-doré. Les couvertures inférieures de la queue sont blanches flammées de brun-clair. Les deux rectrices moyennes sont, en dessus, d'un vert-doré-foncé, les latérales sont d'un brun-mat, que relève une bordure interne d'un roux-ferru-gineux intense. Un brun-violet colore en dessous la queue.

Cette espèce habite le Brésil. Nous en devons la connaissance à M. Florent Prévost.

LE CAMPYLOPTÈRE PAMPA, Mâle.

Publié par Arthus Bertrand.

Prêtre pinx *Rémond imprim.* *Teillard sculp.*

(PL. XV.)

L'OISEAU-MOUCHE CAMPYLOPTÈRE PAMPA,

MALE [1].

(*ORNISMYA PAMPA*. Lesson.)

Cet oiseau-mouche appartient à la tribu des Campyloptères, ou aux espèces dont les baguettes des premières rémiges sont aplaties et comprimées. Il a cinq pouces de longueur totale, le bec entre pour onze lignes et la queue pour vingt dans cette proportion. Le bec est fort, robuste, et très légèrement recourbé. La mandibule inférieure se termine en pointe déliée, retroussée. Les tarses sont assez robustes et emplumés jusqu'à la naissance des doigts. Les ailes sont larges, aussi longues que la queue, et à baguettes des trois rémiges externes courbées, aplaties et robustes à leur milieu. La queue se compose de rectrices larges, arrondies au bout, et étagées entre elles.

Le bec est brun; les tarses sont jaunâtres; une

---

[1] *Mâle adulte* (pl. XV): baguettes des ailes larges et coudées; corps vert-doré brillant en dessus; gris enfumée en dessous; calotte azur. Du Paraguay.

calotte azur occupe tout le dessus de la tête,
depuis le front jusqu'à l'occiput, et s'arrête au
dessus des yeux. Le plumage sur le corps est
d'un vert foncé et doré brillant, qui règne sur
les épaules et qui colore les rectrices moyennes.
Un gris enfumé clair teint tout le dessous du
corps depuis le menton jusqu'aux couvertures
inférieures, qui sont nuancées de roux. Le ventre
est blanchâtre; les ailes sont brun-pourpré, et
les rectrices latérales sont d'un noir-bronzé.

Cette belle espèce provient de l'intérieur de la
Plata.

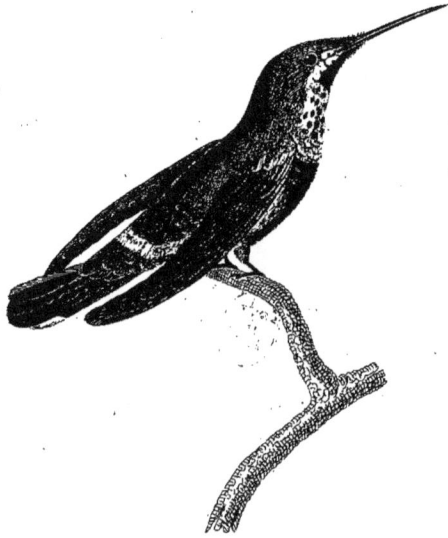

LE LANGSDORFF, Jeune âge.

Publié par Arthus Bertrand.

Prêtre pinx.   *Rémond impres.*   *Coutant sculp.*

(Pl. XVI.)

L'OISEAU-MOUCHE LANGSDORFF,

JEUNE [1].

(*ORNISMYA LANGSDORFII.* Lesson.)

Le Langsdorff diffère considérablement, dans sa livrée de jeune âge, de la parure qu'il revêt lorsqu'il devient adulte. La figure que nous en donnons est très exacte, et repose sur l'examen d'un bon nombre de dépouilles que nous avons vues chez divers amateurs, et plus particulièrement chez M. Florent Prévost, qui en a reçu tout récemment du Brésil. Le mâle, en plumage complet, est représenté dans la pl. XXVI de nos *Oiseaux-Mouches.*

Les jeunes oiseaux de l'espèce du Langsdorff, que nous avons en ce moment sous les yeux, se ressemblent parfaitement. Ils ont au plus deux pouces dix lignes de longueur totale, encore le bec doit-il être compté pour sept lignes et la

---

[1] *Jeune* (pl. XVI) : vert-doré en dessus; croupion traversé par une raie blanche; menton, thorax et milieu du ventre noirs; devant du cou œillé de vert; flancs blancs; rectrices étroites, presque égales.

queue pour huit, dans ces proportions. Les tarses
et le bec sont très noirs, et ce dernier organe est
remarquable par sa brièveté, sa grosseur relative,
et par la terminaison en pointe très fine des
deux mandibules. L'inférieure se renfle même
un peu à l'extrémité.

Les ailes, très étroites, très dolabriformes,
sont d'un brun-pourpré intense, et presque aussi
longues que la queue; celle-ci, très mince, se
compose de rectrices rubannées, à pennes latérales un peu plus courtes que les moyennes,
qui sont bleu d'acier, tandis que les premières
sont grises à leur base, puis bleu d'acier, et enfin
terminées de blanc pur.

Le corps est d'un vert-bleu très doré et très
brillant sur la tête, le cou, le manteau, les épaules et le dos. Une raie d'un blanc pur traverse
le croupion. Les couvertures supérieures de la
queue sont vert-doré.

Le menton et la gorge sont noir mat; une tache blanche prolongée sous l'œil occupe l'angle
du bec et les parties antérieures de la joue. Le
devant du cou est blanc, mais chaque plume est
marquée au centre par une tache ronde vert-
doré. Le reste du cou, à sa partie inférieure, est
mélangé de vert-doré et de brunâtre, tandis que
les côtés du cou et du thorax sont vert-doré très
brillant. La base de la poitrine est noir mat. Le

milieu du ventre est brun et les flancs sont blanc pur, ainsi que la région anale et les petites couvertures inférieures.

Le Langsdorff habite le Brésil. Nous ne connaissons point sa femelle.

(Pl. XVII.)

L'OISEAU-MOUCHE A TÊTE D'AZUR,

MALE ADULTE [1].

(*ORNISMYA CYANOCEPHALA*. Lesson, *Oiseaux-Mouches*, pag. 14.)

Cette espèce, nommée *Trochilus quadricolor,* par Vieillot (Encycl. ornith., t. II, p. 573; et Oiseaux dorés, t. III (inédit), pl. XVIII, diffère d'une manière bien remarquable des autres oiseaux-mouches. Elle a de longueur totale trois pouces dix lignes, et dans ces dimensions le bec entre pour neuf lignes et la queue pour quatorze.

Le bec est droit, élargi à la base, d'un jaune clair dans toute son étendue et noir à la pointe. Les tarses sont courts et noirs. Les ailes, assez larges et d'un brun-pourpré clair, s'étendent jusqu'à l'extrémité de la queue. Celle-ci est un peu fourchue et composée de larges rectrices, fermes, arrondies à leur sommet; une plaque d'un bleu-vert très brillant couvre le dessus de la tête, à partir des narines jusqu'à l'occiput; une tache

---

[1] *Mâle adulte* (pl. XVII) : corps vert-doré en dessus, blanc en dessous; calotte azur. Du Brésil.

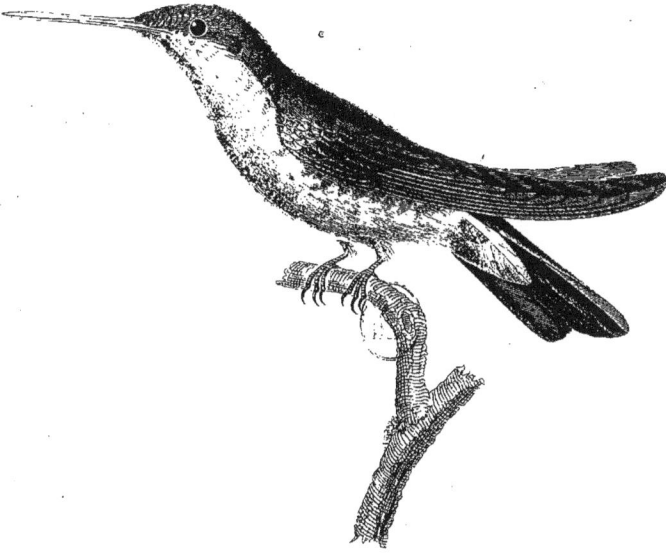

OISEAU - MOUCHE À CALOTTE D'AZUR, Mâle adulte.

Publié par Arthus Bertrand.

Prêtre pinx. *Rémond impres.* *Coutant sculp.*

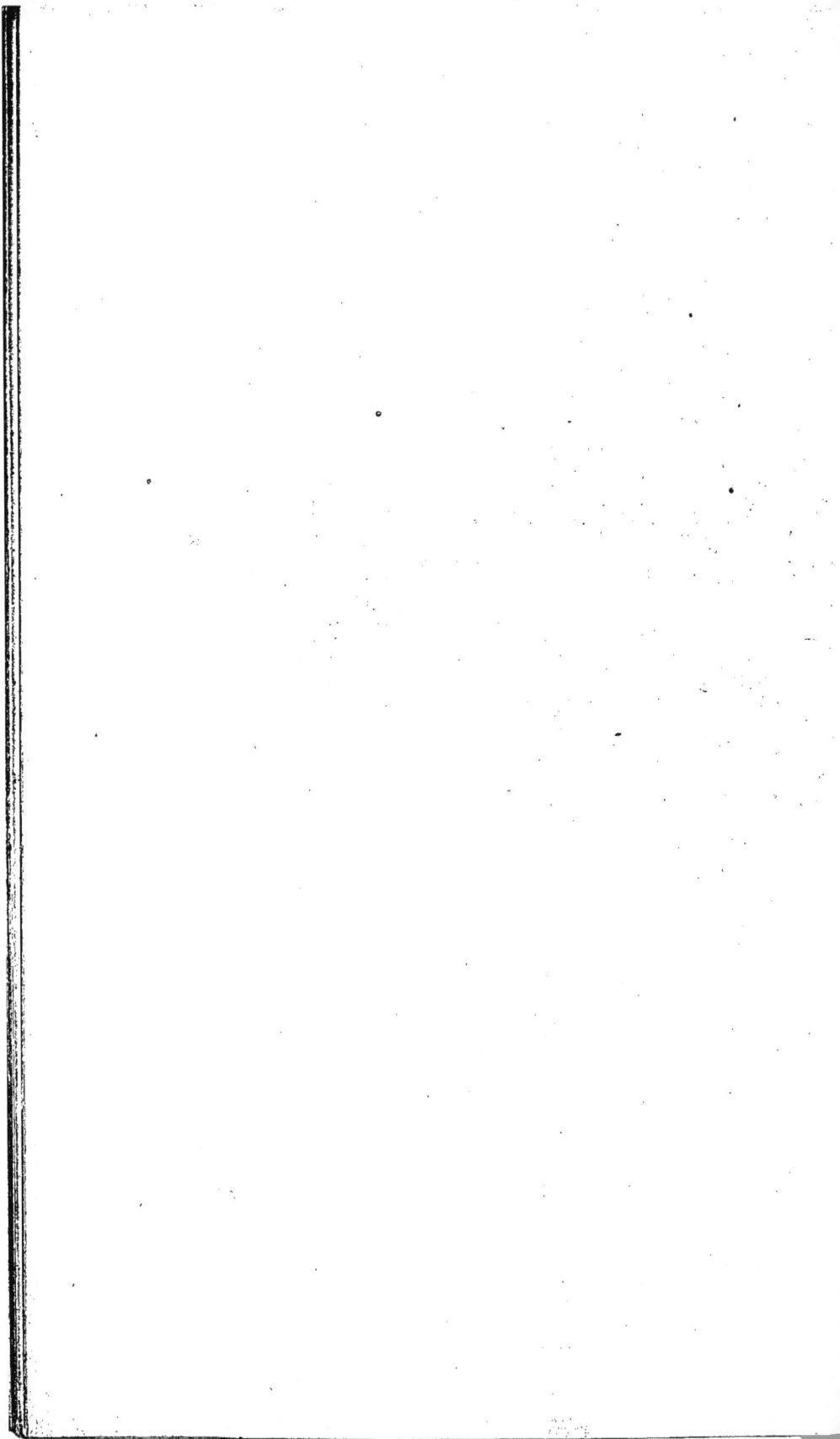

bleue règne derrière l'œil. Dans un faux jour la tête paraît noirâtre.

Tout le plumage en dessus est d'un gris-roux auquel se joignent quelques reflets dorés, encore le peu de brillant qu'il possède se trouve placé sur le cou et sur les épaules. Les couvertures supérieures de la queue et les rectrices sont d'un blond-doré en dessus. La gorge, le devant et les côtés du cou, le ventre, les couvertures inférieures sont d'un blanc de neige. Du brun sale s'avance sur les épaules et teint les flancs. La queue en dessous est d'un blond-doré

Cet oiseau vit au Brésil, et doit sans contredit habiter les régions froides de cette portion équatoriale de l'Amérique.

(Pl. XVIII.)

L'OISEAU-MOUCHE A CALOTTE

D'AZUR, JEUNE [1].

(*ORNISMYA CYANOCEPHALA*. Lesson.)

Nous avions décrit (Additions, p. 14) cet individu dans notre Histoire naturelle des Oiseaux-
Mouches, sans y joindre un portrait. Depuis,
nous nous sommes procuré l'âge adulte, et nous
avons acquis la certitude que c'était bien le *Trochilus quadricolor* de Vieillot.

Cet oiseau a de longueur totale trois pouces
dix lignes. Le bec est compris dans ces dimensions pour dix lignes et la queue pour douze. Le
bec est noirâtre, robuste, droit, peu renflé. Une
calotte d'un bleu d'azur peu décidé recouvre la
tête. Le manteau, le dos, les petites couvertures
des ailes sont d'un vert-doré brillant. Le milieu
du dos, le croupion, sont d'un vert-grisâtre ; les
rémiges sont brun-pourpré ; les rectrices sont
brunes, égales et un peu teintées de vert à leur
milieu. La gorge, le devant du cou, sont d'un

---

[1] *Jeune mâle* (pl. XVIII) : vert-doré en dessus ; grisâtre et blanchâtre en dessous ; calotte bleuâtre terne. Du Brésil.

OISEAU-MOUCHE À CALOTTE D'AZUR, Jeune âge.

Publié par Arthus Bertrand.

Bévalet pinx.   Rémond impres.ᵗ   Couvant sculp.

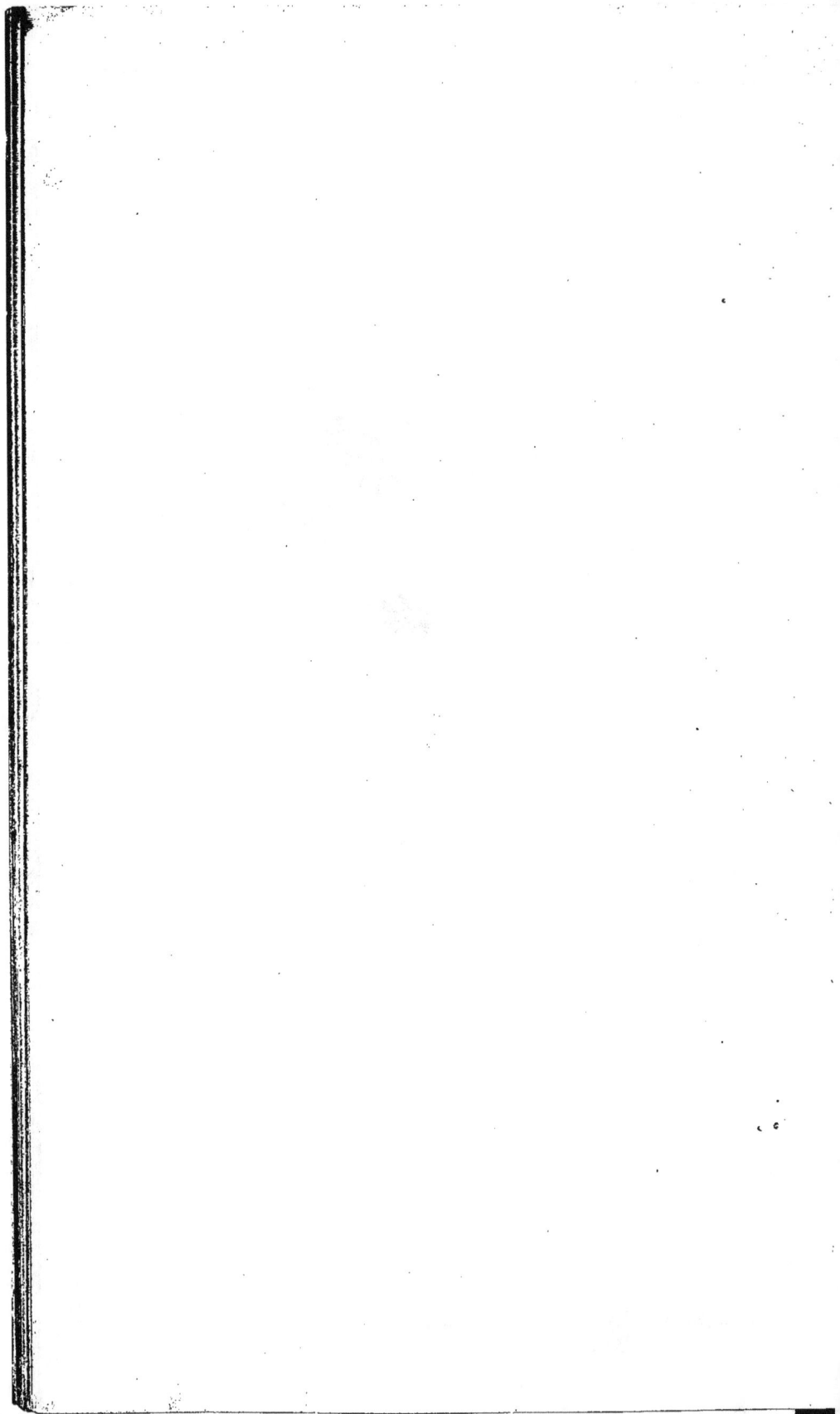

blanc pur, ainsi que la poitrine et le ventre, dont les côtés sont mélangés de gris verdâtre. Les couvertures inférieures de la queue sont grises.

Le jeune oiseau-mouche qui nous occupe habite le Brésil, et nous a été communiqué par M. Florent Prévost.

(PL. XIX.)

L'OISEAU-MOUCHE DELALANDE

OU LE PLUMET BLEU, JEUNE AGE.

(*ORNISMYA DELALANDII.* Lesson.)

Autant le mâle de cette espèce est remarquable par le riche azur et la huppe gracieuse qui le décorent, autant la femelle est simple, et en diffère par sa modeste livrée. Le jeune âge du mâle a en partie le plumage de cette dernière, et le gris sale du dessous du corps du premier.

Long de trois pouces et trois ou quatre lignes, l'individu que nous décrivons a son bec court, droit, mince et noir. Un vert-doré très pur et très brillant teint le dessus de la tête, du cou, le dos, les épaules, le croupion et les deux rectrices moyennes. A partir du menton, un gris de cendres règne sur le devant du cou, le thorax et les parties inférieures, y compris les couvertures de la

---

¹ *Jeune* (pl. XIX) : bec court, noir ; tête sans huppe ; tout le dessus du corps d'un vert foncé brillant et métallisé ; tout le dessous du corps gris-cendré, avec des écailles d'un bleu-violet chatoyant çà et là devant le cou , sur le ventre ; ailes brun-pourpré ; rectrices moyennes vert-doré en dessus , les latérales brunes, terminées de blanc. Du Brésil.

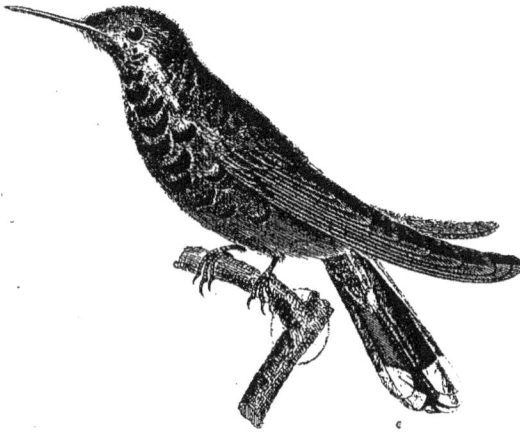

LE PLUMET BLEU ou OISEAU-MOUCHE DELALANDE, Jeune âge.

Publié par Arthus Bertrand.

Prêtre pinx.   *Rémond imprim.*   *Coutant sculp.*

queue. Mais des écailles, d'un riche bleu à teintes violettes métallisées et chatoyantes, se dessinent sur le cou en devant et sur le thorax. Les rectrices latérales sont bleu d'acier brun, et terminées de blanc.

L'oiseau-mouche Delalande vit au Brésil. Le mâle et la femelle sont figurés pl. XXIII et XXIV de nos *Oiseaux-Mouches*. Le jeune âge est le *Trochilus versicolor* de M. Vieillot. (Oiseaux dorés, t. III, pl. XII, et deuxième édition du Dictionnaire d'hist. nat., t. XXIII, p. 430.)

(Pl. XX.)

L'AMÉTHYSTE, PRESQUE ADULTE [1].

(ORNISMYA AMETHISTINA. Lesson.)

Nous avons publié dans notre *Histoire naturelle des Oiseaux-Mouches* un portrait (pl. XLVII) de l'améthyste complétement adulte. Dans les planches XX, XXI et XXII de ce supplément nous donnerons une idée complete des modifications que l'espèce éprouve dans les diverses phases de son existence.

L'Améthyste est un oiseau-mouche exclusivement propre aux régions chaudes du Brésil. Sa gorge étincelle, ainsi que l'indique son nom de l'Améthyste, de la plus belle eau, et son remplaçant naturel dans l'hémisphère nord de l'Amérique est le petit rubis de la Caroline à gorge de rubis étincelante. Du reste, ces deux oiseaux ont une taille presque semblable, un bec petit, droit, une queue fourchue, des rectrices courtes et pointues, etc. Ces deux espèces, toutefois, sont bien distinctes l'une de l'autre.

---

[1] *Mâle presque adulte* (pl. XX) : vert-doré en dessus ; front gris ; une raie blanche sur le dos ; écailles améthystes éparses au devant du cou ; poitrine et ventre gris. Du Brésil.

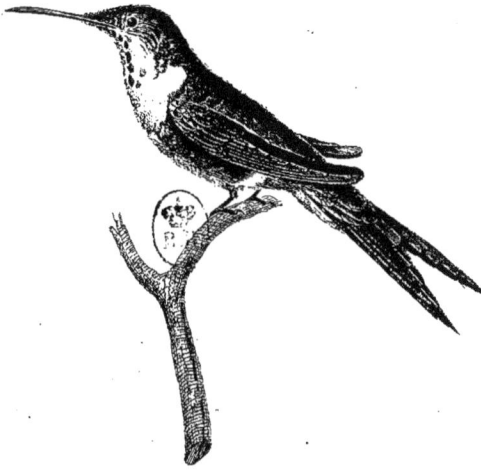

L'AMÉTHISTE, Prenant son plumage d'adulte.

Publié par Arthus Bertrand.

Prêtre pinx. *Rémond impres.* *Coutant sculp.*

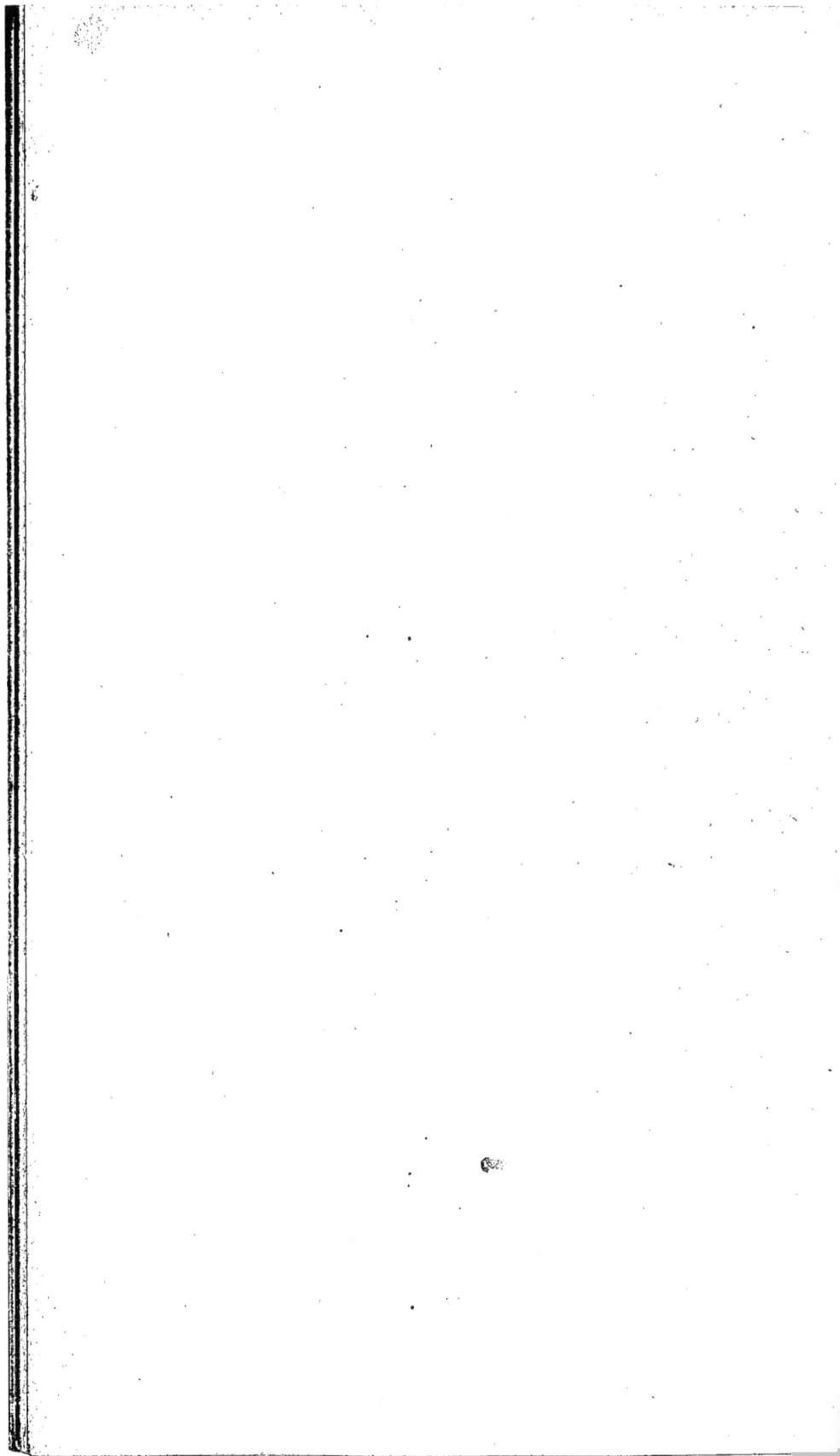

Dans la livrée presque adulte que nous figurons ici, l'oiseau a deux pouces sept lignes de
longueur totale, en y comprenant le bec pour
sept lignes et demie, et la queue pour huit. Les
ailes sont très étroites à leur extrémité, plus
larges à leur base, et dépassent les deux tiers de
la queue; elles sont d'un brun-pourpré. La queue
est fourchue, à rectrices externes les plus longues
et à barbes très courtes sur leur bord externe.
Les deux pennes sont les plus larges et les plus
courtes, et brillent d'un beau vert-doré, tandis
que toutes les latérales sont brun-foncé et mat.

Le devant de la tête est d'un gris franc, le milieu et l'occiput vert-bleu doré. Ce même vert,
à ton bleuâtre et métallisé, règne sur le cou, le
dos, les épaules, le croupion et les couvertures
supérieures de la queue. Il est interrompu sur le
milieu du corps par une raie transversale d'un
blanc pur.

La gorge et le devant du cou sont garnis de
plumes écailleuses, blanches sur la gorge et au
menton, où chaque plume a son milieu occupé
par une tache rouille foncée, et, sur le devant
du cou ou sur les côtés, variés de brun mat ou
de squamelles brillant de l'éclat pur de l'améthyste. Une sorte de collier gris clair entoure le
cou; la poitrine est grise-brunâtre. Le milieu du
ventre est blanchâtre; les flancs sont gris et vert

doré; les couvertures inférieures sont grises bordées de gris très clair. Une tache rouille marque l'endroit qu'occupent les pieds.

Le bec et les tarses sont noirs.

L'Améthyste est un des oiseaux-mouches qui vivent exclusivement au Brésil.

L'AMÉTHYSTE, Jeune âge.

Publié par Arthus Bertrand.

Prêtre pinx.   *Rémond imprel.*   *Coutant sculp.*

(Pl. XXI.)

L'AMÉTHYSTE, TRÈS JEUNE [1].

(*ORNISMYA AMETHYSTINA*. Lesson.)

L'individu que nous décrivons a deux pouces cinq lignes, le bec compris pour sept lignes et la queue pour huit. Cette dernière, légèrement fourchue, se compose de rectrices dont la moitié est verte, le milieu noir, et l'extrémité d'un blanc roux. Les plus extérieures sont grises à leur base, puis noires, et largement terminées de blanc.

Le plumage sur le corps, depuis le front jusqu'au croupion, est vert-doré; du brun occupe les joues; la gorge est grisâtre très clair; une sorte de collier blanchâtre s'étend sur les côtés du cou. Le thorax est brunâtre; les flancs et le bas-ventre sont d'un roux-cannelle fort vif, qui cesse à la région anale pour faire place à du blanc. Les ailes sont étroites et minces.

L'individu que nous décrivons nous a été communiqué par M. le prince de Wied Neuwied, qui a bien voulu nous permettre de le faire figurer. Cet oiseau vit au Brésil.

[1] *Mâle très jeune* (pl. XXI) : vert-doré en dessus; joues brunâtres; gorge grisâtre; thorax brun; ventre roux-cannelle. Du Brésil.

(Pl. XXII.)

L'AMÉTHYSTE, JEUNE ADULTE [1].

(*ORNISMYA AMETHYSTINA.* Lesson.)

L'individu que nous avons figuré a trois pouces deux lignes de longueur totale, et la queue entre pour treize lignes dans ces dimensions. Toutes les parties supérieures sont d'un vert-doré à reflets cuivrés. Une plaque brune occupe le devant de la gorge et les joues, et des écailles pourprées et brillantes chatoient çà et là, en prenant le caractère des écailles métallisées si pures et si brillantes de la gorge des individus complètement adultes. Un demi-collier blanc remonte sur les côtés du cou. Le ventre, le bas-ventre et les flancs sont d'un gris-brun enfumé, ainsi que les couvertures inférieures de la queue. Les rectrices sont entièrement brunes-pourprées et pointues. Nous sommes redevables de la communication du type de cet âge au prince de Wied Neuwied, qui l'a rapporté du Brésil.

[1] *Mâle jeune adulte* (pl. XXII) : vert-doré brillant en dessus; gorge brune, quelques écailles chatoyantes et améthyste çà et là; dessous du corps gris-brun enfumé. Du Brésil.

L'AMÉTHYSTE, Prenant sa livrée d'adulte.

Publié par Arthus Bertrand.

Prêtre pinx.   *Rémond imprr.*   *Coutant sculp.*

L'OURISSIA, Non adulte.

Publié par Arthus Bertrand.

Prêtre pinx.   *Rémond impres.*   *Coutant sculp.*

(Pl XXIII.)

LE VÉRAZUR OU OURISSIA,

JEUNE AGE [1].

(*ORNISMYA CYANEA.* Lesson.)

Nous avons figuré pl. LXXI de nos *Oiseaux-Mouches* une espèce complètement adulte que nous avons nommée VÉRAZUR, *Ornismya cyanea*, p. 199, et nous avons en ce moment la certitude que l'oiseau-mouche figuré dans la planche XXIII de ce Supplément, sous le nom d'*Ourissia*, n'est que le jeune âge du Vérazur. Nous pensions d'abord qu'il en était distinct faute de moyens suffisans de comparaison entre les adultes et les jeunes, mais plusieurs dépouilles que nous avons pu examiner dans ces derniers temps ont décidé nòtre opinion, et ne nous permettent point de les séparer spécifiquement.

Ce jeune âge, que M. de Longuemard possède dans sa collection, est long au plus de trois pouces deux à quatre lignes. Son bec a près de

[1] *Mâle jeune* (pl. XXIII) : corps vert-doré en dessus; cuivré sur le croupion; gorge et devant du cou gris, ponctuées de bleu azur ; ventre grisâtre. Du Brésil.

ample, arrondie à son extrémité, et formée de
rectrices presque égales, colorées en noir-bleu
luisant. Le bec est brunâtre en dessus, jaunâtre
en dessous. Un vert-doré foncé règne sur la tête
et le cou, et devient plus doré sur le dos et les
épaules, puis se teint de cuivre rouge sur le croupion, et passe au marron métallisé sur les couvertures supérieures de la queue, qui sont allongées.

Le devant de la gorge et du cou est gris, par-
semé d'écailles de l'azur le plus céleste quand
les rayons lumineux les frappent directement.
Tout le devant du corps, le ventre et les couvertures inférieures sont d'un gris de cendre uniforme; seulement des écailles vert-doré plus nombreuses sur le thorax et sur les flancs se dessinent
au milieu du gris des parties latérales du corps.

Ses tarses sont bruns. Cet oiseau est du Brésil.

M. Vieillot a fait faire une figure du Vérazur
adulte (Ois. dorés, t. III, inédit, pl. V), sous le
nom de *Trochilus cyanus*, et c'est aussi sous ce
nom qu'il est décrit dans le nouveau Dictionnaire
d'hist. nat., t. XXIII, p. 426.

Pl. 24.

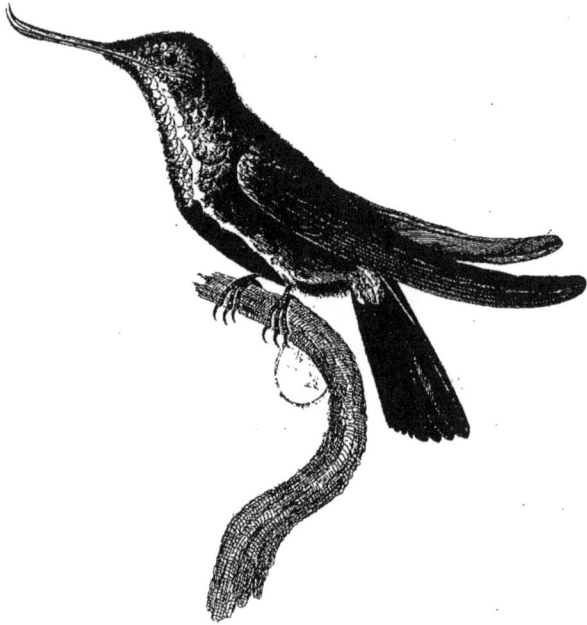

OISEAU-MOUCHE AVOCETTE, Jeune âge.

Publié par Arthus Bertrand.

Prêtre pinx.   Rémond impres.ᵗ   Coutant sculp.

(Pl. XXIV.)

L'OISEAU-MOUCHE AVOCETTE [1].

(*ORNISMYA AVOCETTA*. Lesson.)

M. Swainson est le premier auteur qui, à notre connaissance, ait parlé de l'oiseau-mouche à bec recourbé, qu'il a décrit et figuré pl. CV de ses Illustrations zoologiques. Cette espèce, dont le bec anomal a beaucoup d'analogie, par son redressement en haut avec celui de l'avocette, présente d'une manière constante cette particularité remarquable d'une courbure des mandibules dans un sens dont on ne connaît que peu d'exemples, et dans une direction qui exige de la part de l'oiseau un genre de vie différent de celui des espèces congénères.

Nous avons eu occasion de voir à Paris plusieurs individus de l'âge adulte tel que nous l'avons représenté (pl. XXXVII) dans l'Hist. nat. des oiseaux-mouches, en copiant la figure de M. Swainson, et entre autres dans une collection

[1] *Jeune* (pl. XXIV) : vert-doré en dessus; queue bleu indigo; gorge verte; ventre noir mat; deux traits blancs sur les côtés du corps.

II.   10

presque complète de l'Ornithologie de la Guiane, recueillie par M. Freyre. Or, c'est sur les hautes collines qui bordent la ville de Cayenne que l'oiseau-mouche à bec recourbé a été tué, et sa livrée complète est d'un vert-émeraude suave et brillant, et le dessous de sa queue est d'un rouge de cuivre à reflets de vermeil travaillé.

L'individu que nous figurons, et qui se trouve dans la collection d'oiseaux-mouches de M. de Longuemard, est évidemment un jeune d'une espèce nouvelle probablement dans une livrée différente de celle de l'âge complètement adulte.

Long de trois pouces six lignes, le bec entre dans ces dimensions pour près de sept lignes, et la queue pour un pouce. Le bec est noir, assez fort, renflé en dessous vers la pointe, qui est retroussée et recourbée en haut; l'extrémité de chaque mandibule est légèrement aplatie, déprimée et très mince; la mandibule inférieure supporte la plus grande partie de la convexité. Les ailes sont assez larges, aussi longues que la queue, et d'un brun-pourpré; les rectrices sont larges, presque rectilignes, et d'un bleu-noir foncé uniforme en dessus comme en dessous. Le dessus de la tête, le dos, le croupion, les épaules sont d'un vert-émeraude doré. Une plaque vert-émeraude chatoyante occupe le devant du cou, et se trouve bordée par une ligne latérale blanche qui va jusqu'à la région anale. Une plaque d'un noir mat profond règne sur le milieu du ventre, et se trouve également bordée par la continuation de la raie blanche que nous avons indiquée. Un brun mêlé de vert-doré occupe les flancs. Les couvertures inférieures sont brunâtres.

La patrie de cet oiseau est Cayenne.

(Pl. XXV.)

L'ERIPHILE [1].

(*ORNISMYA ERIPHILE.* Lesson.)

Cette espèce est entièrement calquée sur les formes de l'oiseau-mouche à queue fourchue figuré pl. XVIII de notre Hist. naturelle; il en a même les couleurs générales : aussi doit-on supposer que l'Ériphile a souvent été confondu avec lui par des yeux inattentifs et peu jaloux de s'assurer des caractères spécifiques qui les distinguent l'un et l'autre. Les principales nuances qui isolent l'Ériphile de l'oiseau-mouche à queue fourchue (*Ornismya furcata*) sont, d'une part, un bec un peu plus allongé; les ailes aussi longues que la queue, celle-ci moins longue et moins fourchue; la plaque émeraude du devant du cou qui descend moins bas, et le bleu du thorax qui ne remonte point sur le dos pour former un col-

---

[1] *Mâle adulte* (pl. XXV) : bec noir ; tout le dessus du corps, depuis le front jusqu'au croupion, d'un vert-doré brillant ; la gorge et le devant du cou recouverts par une plaque émeraude ; la poitrine, l'abdomen et les côtés d'un azur éclatant ; les ailes brun-pourpré ; la queue fourchue, d'un bleu d'acier foncé ; bas-ventre gris-brunâtre, ainsi que les couvertures inférieures. Du Brésil.

Pl. 25.

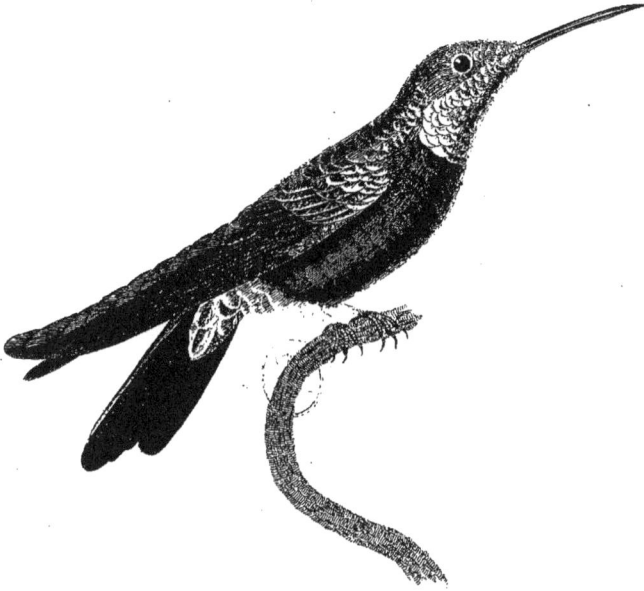

L'ÉRIPHILE.

Publié par Arthus Bertrand.

Prêtre pinx.   *Rémond impres.ᵗ.*   *Teillard sculp.*

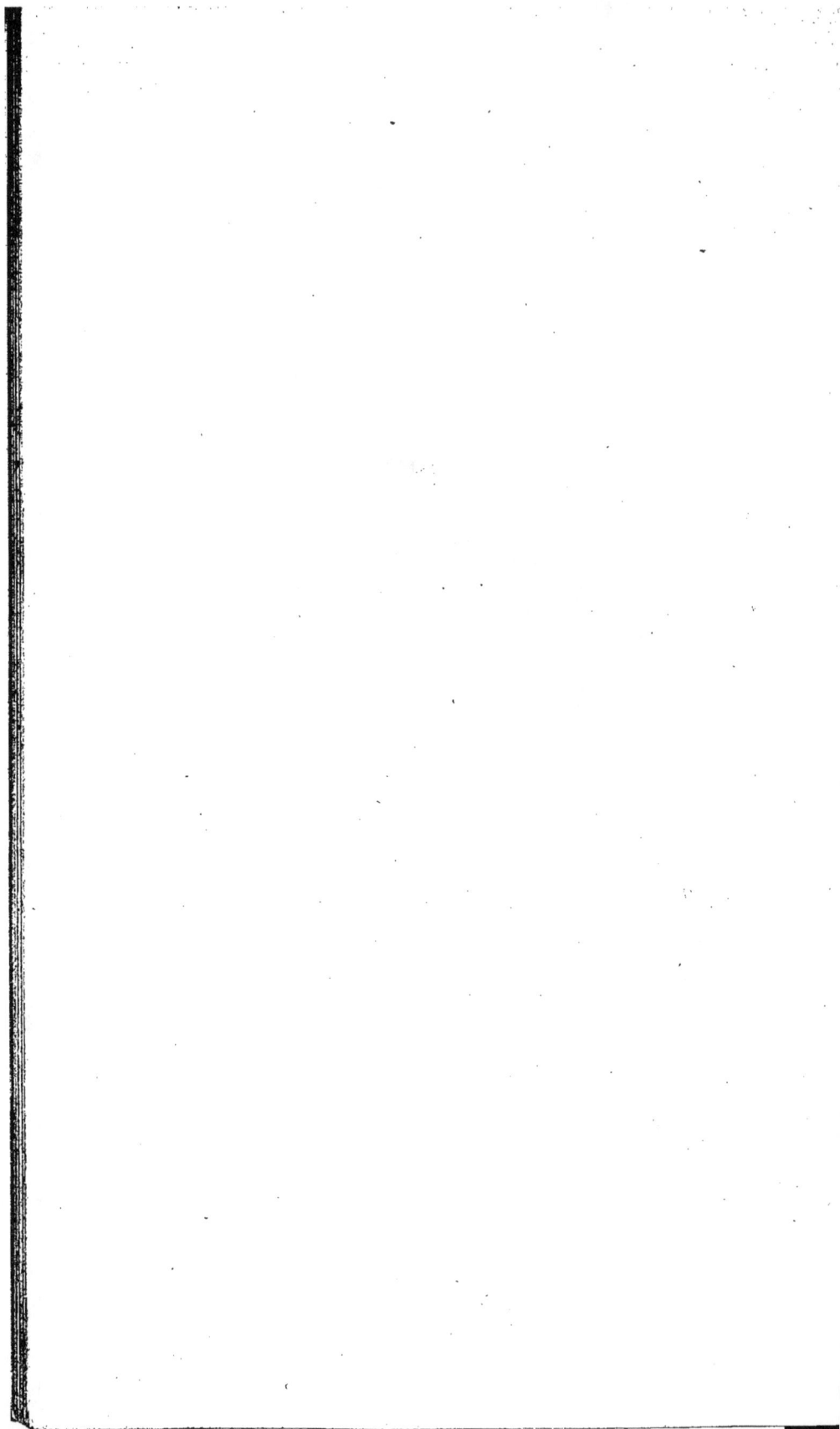

lier sur le cou. Ces traits généraux sont suffisans pour conserver à notre espèce sa physionomie propre et caractéristique.

Cet oiseau est long de trois pouces dix lignes, et, dans ces dimensions, la queue entre pour seize lignes et le bec pour neuf. Les ailes sont amples, élargies, et aussi longues que la queue. Celle-ci est médiocrement fourchue et composée de rectrices larges, assez fortes et obliques à leur sommet. Le bec est légèrement déprimé, droit et noir; les tarses, vêtus jusqu'aux doigts, sont bruns. Un riche vert-doré assez foncé colore le dessus de la tête et le cou, en s'étendant, sans changer de nuance sur le dos, les épaules et le croupion. Un brun uniforme et pourpré teint les ailes; un bleu d'acier intense et sans nuances qui s'affaiblissent, règne sur les rectrices en dessus comme en dessous. Une plaque d'un vert-émeraude chatoyant s'étend du menton au bas du cou en devant, et s'arrête sur les jugulaires. Un bleu légèrement violâtre, mais très éclatant, naît sous la plaque émeraude, et s'étend sur la poitrine, le ventre et les flancs. Le bas de la région abdominale est grisâtre, mêlé de blanchâtre et de vert. Il en est de même des couvertures inférieures.

Cette espèce vient du Brésil.

(Pl. XXVI.)

L'OISEAU-MOUCHE DE WIED [1].

(*ORNISMYA WIEDII.* Lesson. *TROCHILUS CYANOGENYS.* Wied.)

Très voisin de l'Audebert, et surtout du Sa-
phir-Émeraude, le Wied n'a que deux pouces dix
lignes de longueur totale, et encore son bec est-
il compris dans ces dimensions pour sept lignes
et la queue pour neuf. Celle-ci, lorsqu'elle est
ouverte, paraît être légèrement échancrée. Les
rectrices sont toutes d'un bleu d'acier intense
avec quelques reflets verts. Le bec est noir en
dessus, et jaunâtre à la moitié de la mandibule
inférieure. Il est assez robuste, et légèrement
renflé à la pointe. Les ailes, aussi longues que la
queue, sont minces, recourbées et brunes-pourprées. Tout le plumage sur le corps et la tête
brille d'un vert-cuivré éclatant. Un vert d'émeraude s'étend de la base du bec à la région anale,
qui est blanche; mais une teinte bleu-lapis règne
sur la gorge et s'unit au vert du corps en se dé-

---

[1] *Mâle adulte* (pl. XXVI): queue un peu échancrée, bleu d'acier,
corps en dessus vert-cuivré brillant; en dessous vert d'émeraude;
gorge à reflets bleu lapis. Du Brésil.

LE WIED.

Publié par Arthus Bertrand.

Prêtre pinx. *Rémond imprest.* *Coutant sculp.*

gradant de manière à ne paraître que dans certaines positions.

Cette jolie espèce, de petite taille, nous a été communiquée par M. le prince de Wied Neuwied, et nous avons cru devoir imposer à cet oiseau le nom si recommandable d'un voyageur célèbre qui a tant enrichi les sciences naturelles, et surtout l'ornithologie. Elle vit au Brésil.

(Pl. XXVII.)

L'ARSENNE, FEMELLE [1].

(*ORNISMYA ARSENNII.* Lesson.)

L'oiseau-mouche Arsenne mâle adulte est d'une rare beauté, ainsi qu'on peut s'en convaincre par notre planche IX du tome 1er. La femelle, au contraire, est disgraciée dans ses atours, ou du moins elle n'a point cette richesse et cette variété de parure qui rendent son époux si brillant et si coquet.

L'Arsenne femelle a de longueur totale trois pouces deux à quatre lignes, et dans ces dimensions le bec entre pour sept à huit lignes. Ses ailes sont minces, recourbées, falciformes, brun-pourpré, et aussi longues que la queue. Celle-ci, légèrement échancrée au milieu, se compose de rectrices assez larges, d'un brun peu luisant, et terminées de blanc sale sur les côtés. Les deux moyennes sont vert-doré. La tête en dessus est grisâtre; tout le plumage sur le corps, y compris les épaules, le croupion et les couvertures supé-

---

[1] *Femelle* (pl. XXVII): sommet de la tête gris; corps vert-cuivré-rouge en dessus, gris en dessous, œillé sur le cou en devant; un trait blanc pur derrière les oreilles. Du Paraguay.

OISEAU-MOUCHE ARSENNE, Femelle.

Publié par Arthus Bertrand.

Bévalet pinx.   *Rémond impres.*   *Coutant sculp*

rieures, est d'un vert brillant très métallisé à reflets de cuivre rouge. Le devant et les côtés du
cou sont blanchâtres, mais de nombreux points
vert-doré occupent le centre de chaque plume
écailleuse. Tout le dessous du corps est gris très
clair, et du vert-doré s'y joint sur les côtés du
thorax et sur les flancs. Ce qui distingue cette femelle est une tache oblongue d'un blanc pur qui
règne sur la région auriculaire et que borde en
dessous un trait brun.

Le bec est jaunâtre et les tarses sont noirs.

L'Arsenne paraît vivre au Paraguay, et non pas
au Brésil, ainsi que nous l'avons dit en décrivant,
dans l'*Histoire naturelle des oiseaux-mouches*, le
mâle adulte.

(·Pl. XXVIII.)

L'ARSINOË, MALE ADULTE [1].

(*ORNISMYA ARSINOE.* Lesson.)

Cet oiseau-mouche n'est pas sans analogie avec l'Amazili ; mais c'est surtout avec l'Érythronote qu'il a de nombreux rapports de forme et de coloration, bien qu'il s'en distingue par des nuances assez nettes et assez tranchées.

Long de trois pouces six lignes : le bec a sept lignes et la queue dix à douze. Les ailes sont amples, larges et aussi longues que la queue. Celle-ci est échancrée, et, par conséquent, un peu fourchue. Les rectrices qui la composent sont larges et arrondies à leur sommet.

Le bec, un peu aplati, est très légèrement recourbé et de couleur noire. Les tarses, un peu dénudés, sont bruns. Un vert assez foncé, mais

---

[1] *Mâle adulte* (pl. XXVIII) : bec noir; tête, cou et manteau vert-doré; dos vert-cuivré-rouge; croupion violet; ailes ferrugineuses dans leur milieu; gorge, devant et côtés du cou, thorax et haut du ventre d'un vert-émeraude très chatoyant; ventre et flancs gris; région anale blanche; couvertures inférieures rousses et blanches; queue un peu fourchue, d'un riche violet-pourpré très brillant. De la Californie? du Mexique.

Pl. 28.

L'ARSINOË, Adulte.

Publié par Arthus Bertrand.

Prêtre pinx.   *Rémond impres.t.*   *Teillard sculp.*

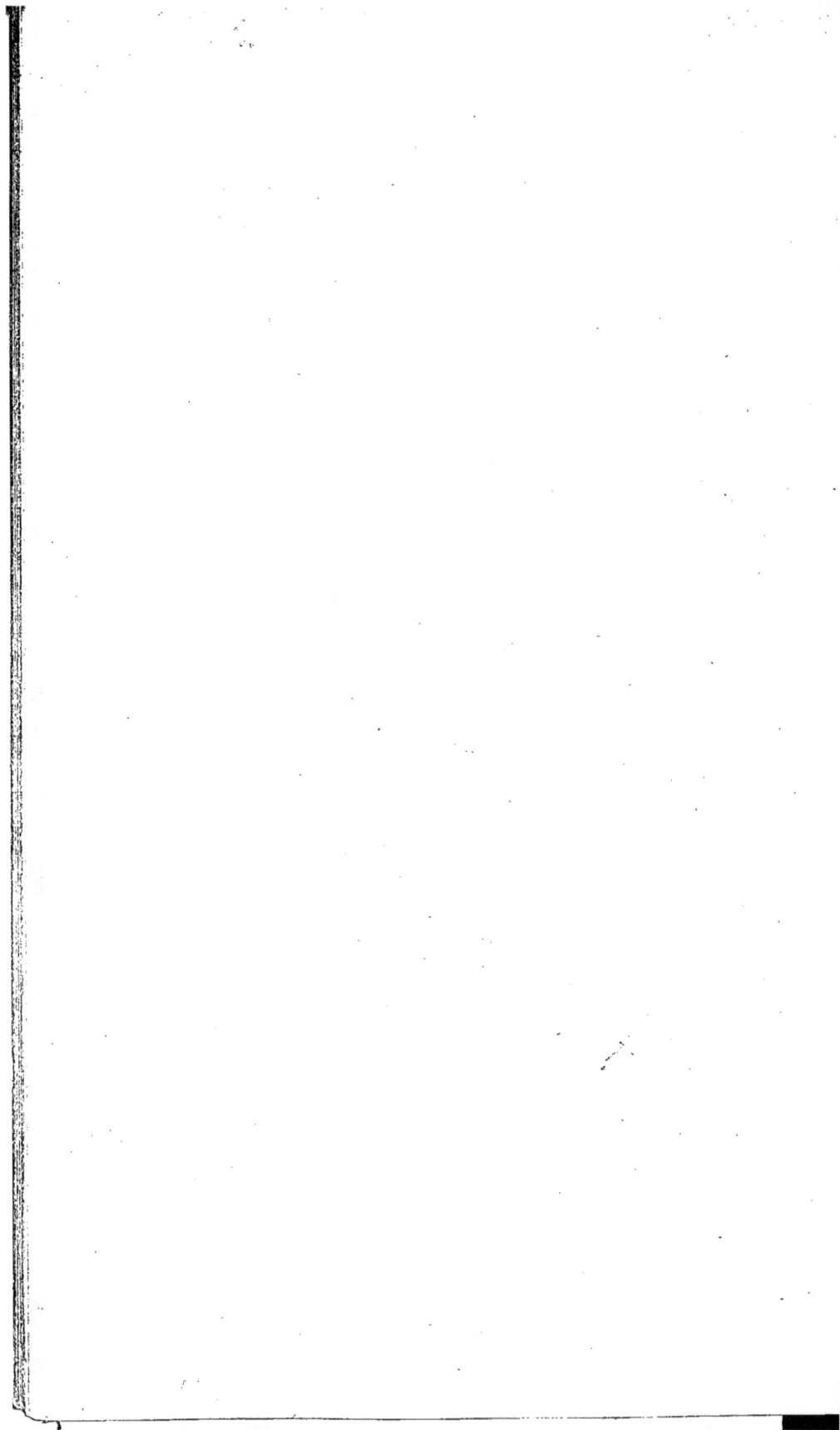

très métallisé, colore le dessus de la tête et du cou,
les épaules et le manteau. Ce vert prend une teinte
grise sur le milieu du dos, et s'efface sur le croupion pour laisser régner sans mélange un violet
métallisé, brillant et très foncé. Tout le dessous
du corps, à partir du menton jusqu'au haut de
l'abdomen, est d'un vert d'émeraude très somptueux. Ce vert s'étend sur les côtés du cou, et cha-
toye comme une pierre précieuse sous les rayons
de la lumière, et affecte les nuances du velours
vert foncé lorsqu'il n'est point éclairé convenablement. Le ventre et les flancs sont gris-roussâtre.
La région anale est d'un blanc pur, et les couvertures inférieures de la queue sont d'un roux
vif avec quelques taches blanches.

Les ailes diffèrent par leur couleur de celle des
espèces connues. Un roux-ferrugineux teint les
plumes secondaires et les primaires dans leur milieu, tandis que les tiges sont noires, et que leur
extrémité est brune-pourprée. La queue en dessus est d'un pourpre-violet très riche et sans mélange, et en dessous d'un rouge-brun très foncé.

Cet oiseau est du Mexique, et nous a été communiqué par M. Florent Prévost.

(Pl. XXIX.)

L'ARSINOË, JEUNE AGE [1].

(*ORNISMYA ARSINOE*. Lesson.)

Ce jeune oiseau est surtout caractérisé par son bec déprimé, aplati, élargi à la base. Il est rougeâtre en dessus, blanchâtre en dessous et marqué de noir à sa pointe et sur ses bords. Un vert-doré brillant recouvre la tête, le dessus du cou, le dos, les épaules et le croupion. Un vert-émeraude brillant s'étend devant le cou à partir du menton. Le thorax est vert-doré, le ventre et les flancs sont gris-brunâtre, avec quelques teintes vertes. Les ailes sont uniformément d'un brun-pourpré, et la queue d'un rouge-brun ou marron légèrement liseré de noir, et à teintes faiblement cuivrées à l'extrémité. La région anale est blanche et les couvertures inférieures sont d'un roux ferrugineux. Du Mexique.

Jeune mâle (pl. XXIX) : bec rougeâtre ; tête, cou, dos, épaules, croupion vert-doré ; ailes brun-pourpré uniforme ; gorge et devant du cou vert-émeraude ; thorax vert-doré ; ventre brunâtre ; couvertures inférieures roux-cannelle ou ferrugineux ; queue marron à reflets cuivrés.

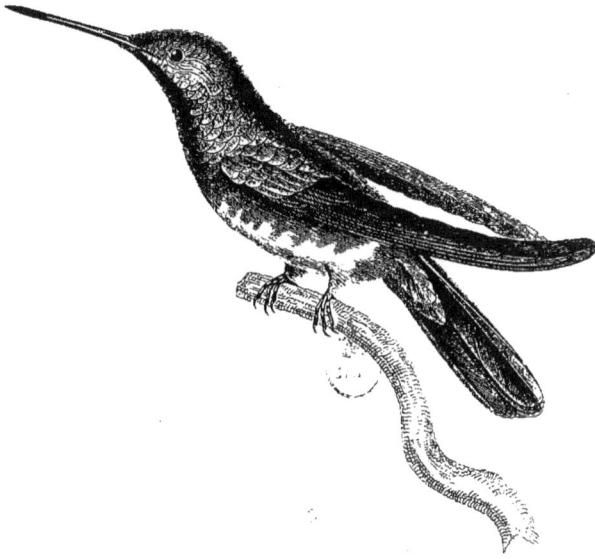

L'ARSINOË, Jeune.

Publié par Arthus Bertrand.

Prêtre pinx.   Rémond imprés.!   Coutant sculp.

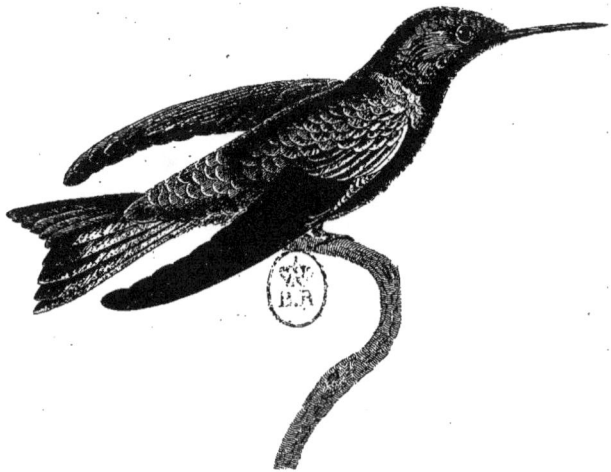

L'ŒNONE,   Mâle adulte.

Publié par Arthus Bertrand.

Prêtre pinx   *Rémond imprœs.*   *Teillard sculp.*

(Pl. XXX.)

L'OENONE, MALE ADULTE [1].

(*ORNISMYA OENONE*. Lesson.)

Cette gracieuse espèce d'oiseau-mouche paraît être très rare, car nous n'avons jamais rencontré qu'un seul individu monté sur un buisson, et qu'on expédiait à un amateur de la ville de Marseille.

Long de trois pouces dix lignes, cet oiseau-mouche a les ailes pointues et étendues jusqu'aux deux tiers de la queue, qui est échancrée et dont les rectrices sont rétrécies et assez aiguës à l'extrémité. Le bec est noir, et un bleu violet très éclatant occupe toute la tête et s'arrête brusquement à la moitié du cou. Le dos, le croupion et les épaules sont d'un vert-doré frais et brillant, qui prend des reflets de cuivre rouge très vifs sur le croupion. Tout le dessus du corps est d'un vert-doré émeraude plus foncé que celui du dos. La région anale est blanche. Les ailes sont brun-

---

[1] *Mâle adulte* (pl. XXX) : tête et cou bleu-pourpré; corps vertdoré en dessus et en dessous; queue très dorée et jaune-d'or et vermeil. De la Trinité.

pourpré, et la queue est en dessus jaune-vert-doré étincellant, tandis qu'elle est verte en dessous.

Cette espèce habite la Trinité, une des îles Antilles.

OISEAU-MOUCHE À RAQUETTES, Jeune âge.

Publié par Arthus Bertrand.

Prêtre pinx.   *Rémond impres.*   *Coutant sculp.*

(PL. XXXI.)

L'OISEAU-MOUCHE A RAQUETTES,

JEUNE AGE [1].

(*ORNISMYA PLATURA*. Lesson , *Ois.-Mouches*, pl. XL, mâle adulte.)

L'oiseau-mouche à raquettes, bien connu des
naturalistes par l'élargissement des deux rectrices externes, devenu commun dans les collections, n'a point de rapport, dans le plumage et
dans la queue, avec le jeune âge que nous figurons pour la première fois. En ne les examinant
point en détail, on serait en effet loin de soupçonner l'intime connexion qui ne fait qu'une
seule espèce de deux manières d'être si dispa-
rates, mais personne ne conservera le moindre
doute à ce sujet, lorsque nous dirons que notre
description repose sur l'examen de plusieurs individus et sur des livrées formant le passage du
jeune âge à l'état complètement adulte.

L'individu de notre pl. XXXIII nous a été

---

[1] Vert-doré en dessus; thorax et ventre gris-roux; deux moustaches blanc pur; un trait noir devant le cou; queue arrondie, terminée de noir; les deux rectrices externes œillées de gris. De la
Guiane.

communiqué par M. Florent Prévost : il nous
fournit encore une nouvelle preuve de la tendance qu'affecte la queue chez les jeunes oiseaux
à conserver la forme arrondie. Nous avons aussi
vu un individu qui n'a fait que passer sous nos
yeux, et que nous n'avons pu faire figurer. En
tout semblable à l'âge adulte, il offrait des rectrices terminées en pointes, et les latérales beaucoup plus longues que les moyennes, mais gar-
nies partout de barbes serrées et denses, qui
cependant commençaient à se détacher de la tige
vers l'endroit où se dessine la palette dans l'état
normal.

Notre jeune oiseau-mouche à raquettes a, au
plus, deux pouces huit lignes de longueur totale.
Son bec est droit, mince et noir, ainsi que les
tarses. Les ailes, un peu moins longues que la
queue, sont étroites, falciformes et d'un brun-
pourpré. Sa queue est arrondie, à rectrices latérales un peu plus courtes que les moyennes;
toutes sont grisâtres en dessous dans leur plus
grande étendue, et terminées par un ruban brun,
excepté les deux plus externes qui ont à leur
sommet une tache arrondie d'un gris clair.

Le dessus du corps, à partir du front jusqu'aux couvertures supérieures de la queue, les
côtés du cou et du ventre sont d'un vert-doré
peu brillant; un trait noir occupe longitudinale-

ment le devant du cou, et deux moustaches blanches partent de la base du bec et s'élargissent en
devant et au dessous de la région auriculaire. Le
thorax, le ventre, le bas-ventre et les couvertures
inférieures de la queue sont gris-roussâtre.

L'oiseau-mouche à raquettes habite la Guiane.

(Pl. XXXII.)

L'OISEAU-MOUCHE AUX HUPPES D'OR,

FEMELLE [1].

(*ORNISMYA CHRYSOLOPHA*. Lesson.)

Cette jolie espèce d'oiseau-mouche a quatre pouces de longueur totale, et, dans ces dimensions, le bec entre pour six lignes et la queue pour deux pouces. Ses ailes sont très longues, minces, étroites, et s'étendent jusqu'au delà du milieu de la queue. Celle-ci se compose de rectrices très étroites, très minces, à pointes mucronées, au nombre de dix; les quatre moyennes très longues presqu'égales, les six autres très courtes étagées. Le bec, assez fort, médiocre, droit, à mandibules aiguës, est noir. Une calotte verte-dorée recouvre le dessus de la tête en se mêlant au brunâtre des joues et au roussâtre de la gorge, qui se termine en pointe en devant. Le haut de la poitrine et les côtés du cou sont d'un blanc de neige. Le ventre et les flancs, jusqu'au thorax,

---

[1] *Femelle* (pl. XXXII) : corps vert-doré en dessus; joues brunâtres; gorge roussâtre; thorax blanc pur; ventre et flancs bruns; queue étagée. Du Brésil.

OISEAU - MOUCHE AUX HUPPES D'OR, Femelle.

Publié par Arthus Bertrand.

Prêtre pinx.   *Rémond impres.*   *Teillard sculp.*

sont d'un noir-brun mélangé de gris. Le dos, les couvertures des épaules, le croupion, sont d'un vert-doré luisant. Les ailes sont pourprées. Les deux rectrices moyennes sont vert-doré en dessus et terminées de noir ; les latérales sont brunes à leur naissance, et d'un blanc de neige à leur extrémité. Elle vit au Brésil.

L'individu que nous avons fait peindre se trouve dans la collection de M. Gui, habile préparateur de pièces anatomiques en cire. C'est l'oiseau-mouche de Dufresne, *Trochilus Dufresnii*, représenté pl. XXV du tome III inédit des *Oiseaux dorés* de Vieillot. L'individu que nous avons figuré planche VIII de nos *Oiseaux-Mouches* comme du sexe féminin, est au contraire un jeune mâle sans parure, et c'est de cet âge que M. Vieillot avait fait une espèce sous la dénomination de *Trochilus Prétrei*.

(Pl. XXXIII.)

L'OISEAU-MOUCHE CORINNE,

JEUNE AGE [1]

(*ORNISMYA SUPERBA*. Lesson, *Ois.-Mouches*, pl. II, mâle.)

L'oiseau-mouche Corinne, dans son jeune âge, ne diffère point notablement des individus complétement adultes. Son bec, long de seize lignes, est robuste, fort, très droit et d'un noir uniforme. Tout le plumage sur le corps est vert-doré, et le bleu de la calotte de la livrée complète se décèle par une légère teinte sur le front. Le blanc domine sur le croupion. Les ailes, plus longues que la queue, étroites et robustes, sont brun-pourpré. La queue est arrondie, composée de rectrices dont les mitoyennes sont vertes et les latérales brunes œillées de blanc à leur terminaison. La gorge est d'un violet pourpré et doré peu brillant, que borde de chaque côté une raie blanche. Tout le dessous du corps est d'un gris fuligineux mêlé de verdâtre sur les flancs. Les

---

[1] *Jeune* (pl. XXXIII): corps vert-doré en dessus; front bleuâtre; croupion blanc; gorge violet-pourpré, bordée de blanc; corps gris fuligineux en dessous. De la Trinité.

LA CORINNE, Jeune âge.

Publié par Arthus Bertrand.

Prêtre pinx.   *Rémond impres.*   *Téillard sculp.*

couvertures inférieures de la queue sont brun-
vert et cerclées de blanc. Les tarses, assez robustes et nus, sont bruns.

L'individu que nous avons figuré provenait
de la Trinité, et se trouve dans la collection de
M. Gui.

(Pl. XXXIV.)

L'OISEAU-MOUCHE A BEC RECOURBÉ,

JEUNE [1].

(*ORNISMYA RECURVIROSTRIS.* Lesson.)

Lorsque nous publiâmes l'*Histoire naturelle des oiseaux-mouches*, nous ne connaissions point encore en France l'individu singulier et anomal que M. Swainson avait figuré et décrit (pl. CV)d ans ses *Illustrations de zoologie*, sous le nom de *Trochilus recurvirostris*, et nous nous empressâmes de faire copier (n° XXXVII) la planche gravée de cet auteur pour faire jouir les amateurs français d'un oiseau-mouche aussi curieux que rare. Le plus vif intérêt se porta sur cette espèce, et bientôt aussi elle se présenta dans les diverses collections de la capitale. Déjà nous pouvons affirmer en avoir vu six à sept individus se ressemblant tous, et vêtus de la même livrée que l'oiseau que nous figurons dans cette planche. Le

---

[1] *Mâle jeune* (pl. XXXIV) : vert-doré en dessus; gorge émeraude; ventre blanchâtre et grisâtre, vert-doré sur les flancs; queue arrondie, noire, verte en dessus, à teinte d'or - rouge poli en dessous. De la Guiane française.

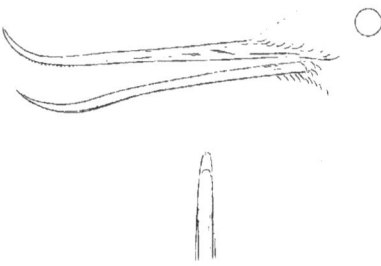

OISEAU - MOUCHE À BEC RECOURBÉ, Jeune âge.

Publié par Arthus Bertrand.

Prêtre pinx.   *Rémond impres.¹*   *Teillard sculp.*

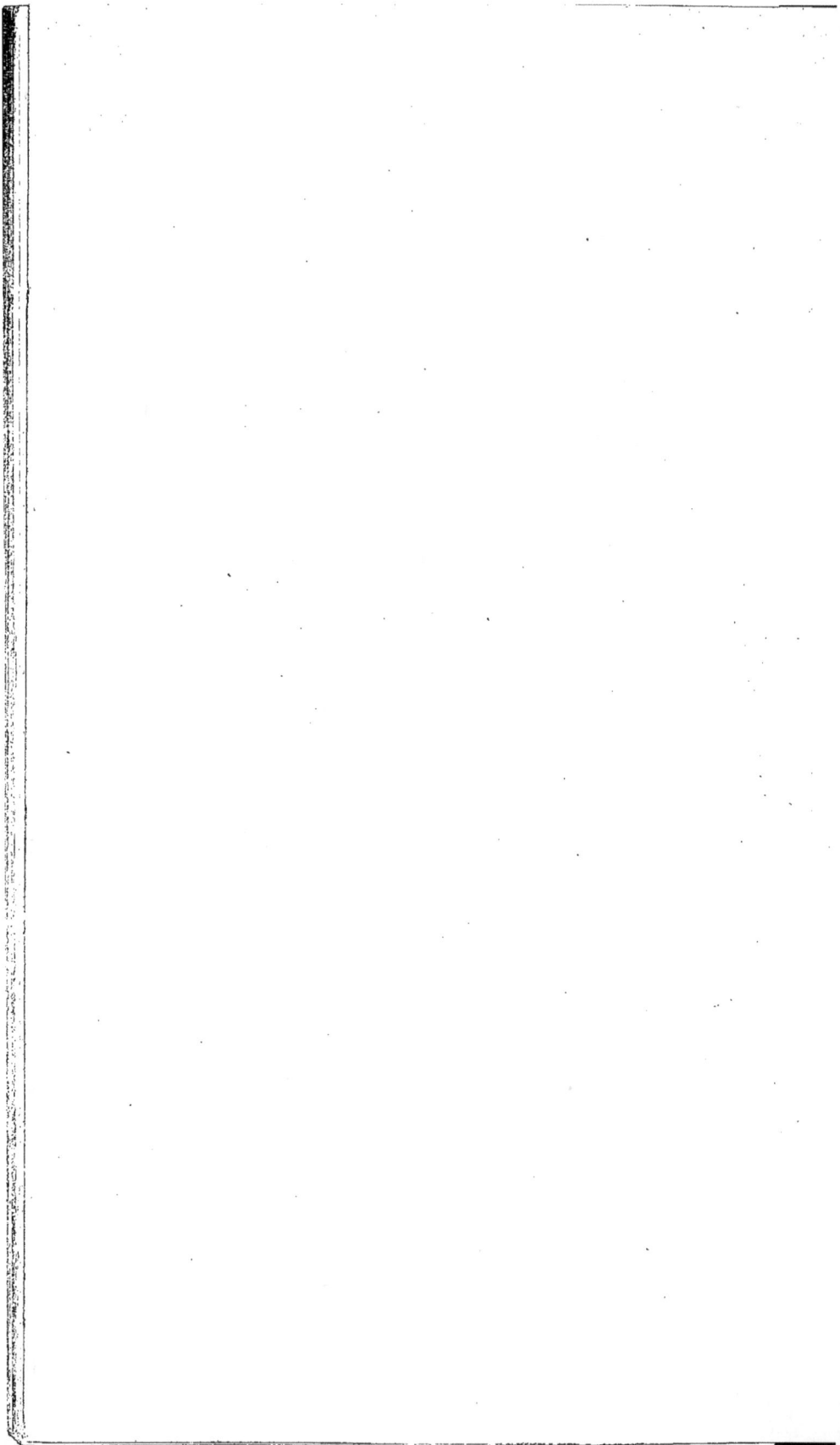

jeune de la pl. XXIV, que nous avons nommé
Avocette, est le seul qui ait des caractères propres ; mais comme c'est un oiseau en mue, il est
de toute impossibilité d'affirmer son identité avec
le *recurvirostris* de M. Swainson, ou de pouvoir
préciser par de bons caractères spécifiques son
isolement. Nous devons dire cependant que l'individu que nous décrivons en ce moment est
jeune, et que, malgré sa livrée adolescente, il a
presque toutes les teintes qui embellissent le mâle
en vestiture complète.

Cet oiseau-mouche, à bec retroussé vers le haut,
habite les bois des petites montagnes qui entourent Cayenne. N'est-il pas étonnant que sa présence dans nos collections et dans nos livres ne
date que de quelques années, lorsqu'on voit cha-
jour arriver de la Guyane-Française des peaux
d'oiseaux par milliers ? Comment se fait-il qu'il ait
été ignoré si long-temps, quand toutes les autres
espèces de colibris ou d'oiseaux-mouches de cette
contrée sont devenues en quelque sorte vulgaires
dans nos musées ?

L'oiseau-mouche à bec recourbé est long de
trois pouces trois lignes. Le bec entre dans ces
dimensions pour neuf lignes. Il est noir, fort, un
peu renflé en dessous, fortement recourbé, et terminé en pointe mince, déprimée et relevée ; la
surface dorsale de la mandibule supérieure est

droite jusqu'au retroussement de la pointe. Le corps en dessus, depuis le front jusqu'aux couvertures de la queue, est d'un vert-bleu très métallisé. La gorge, le devant et les côtés du cou jusqu'au haut du thorax, sont d'un vert-émeraude brillant et chatoyant. Une ligne grise-brunâtre coupe le ventre dans son milieu jusqu'à la région anale, qui est blanche. Les flancs sont vert-doré étincellant, de même que les couvertures inférieures de la queue. Les plumes tibiales sont blanches et les tarses sont noirs.

La queue se compose de rectrices inégales, les latérales étant plus courtes que les moyennes. Elles sont en dessus vert-doré au milieu, puis bleues sur les côtés, mais en dessous toutes jouissent de l'éclat de l'or rouge le plus pur et le plus vif.

Les ailes, minces, étroites, noir-pourpré, sont aussi longues que la queue.

L'individu que nous figurons nous a été communiqué par M. Florent Prévost, et l'espèce vit aux alentours de Cayenne.

LA NOUNA-KOALI.

Publié par Arthus Bertrand.

Prêtre pinx.

Rémond impres!

Teillard sculp.

(Pl. XXXV.)

LA NOUNA-KOALI [1].

(*ORNISMYA NUNA*. Lesson.)

C'est près de l'oiseau-mouche Sapho que la Nouna-Koali doit prendre place, tant par ses attributs corporels que par la disposition, la forme de sa queue, et surtout par l'analogie de sa vestiture. Son nom est celui d'une vierge américaine dont le touchant souvenir restera parmi les amis de la littérature, grâce à la suavité des charmes dont s'est plu à l'embellir la plume de notre ami Ferdinand Denis [2].

Ce gracieux oiseau-mouche est long de cinq pouces, et la queue seule entre pour près de trois pouces, tandis que le bec n'a que sept lignes. Les ailes, minces, faibles, et d'un brun-pourpré, n'atteignent que le tiers supérieur des rectrices. Celles-ci, au nombre de dix, sont remarquables par leur forme caractéristique, et par la dispo-

---

[1] *Mâle adulte* (pl. XXXV) : queue très fourchue, très étagée, à rectrices brunes, terminées de vert-bleu d'acier ; corps vert-doré en dessus, blanc en dessous mais œillé de vert. Du Chili.

[2] Ismaël Ben Kaïzar ou la découverte du Nouveau-Monde, roman historique, Paris, 1829, 5 vol. in-12.

sition fortement étagée qu'elles présentent. Les
six moyennes sont oblongues, arrondies; les deux
premières courtes, les troisième, quatrième, plus
allongées, et les cinquième, sixième encore plus longues ; les septième et huitième rubannées, droites,
et les neuvième et dixième, ou les plus externes,
dépassant les autres; elles sont étroites, à barbes
très courtes sur leur bord externe, et légèrement
déjetées ou contournées en dehors à leur extrémité, qui est tronquée en demi-cercle. Toutes les
rectrices moyennes sont brunes, excepté sur leur
partie supérieure et terminale, où règne un vert-
doré uni à du fer spéculaire brillant. Les septième
et huitième rectrices sont d'un brun-pourpré uniforme, et à leur pointe seulement apparaît un
peu de vert-doré. Quant aux deux rectrices externes, elles sont brun-pourpré en dedans et à
leur tiers terminal, sans presque de reflets vert-
doré, mais un liseré gris-blanc occupe toute la
longueur des ailes à leur bord externe. En dessous toutes les rectrices sont brun-violet métallisé, mais les deux plus longues sont également
liserées d'une bordure blanchâtre plus nette que
sur la face supérieure.

Le bec et les tarses sont d'un noir intense. Ces
derniers sont robustes, assez forts et munis d'ongles saillans. Un vert-doré de l'émeraude brillante
et pure colore toutes les parties supérieures du

corps et les couvertures des ailes. La base de ces
plumes chatoyantes est d'un brun qui cesse à leur
tiers supérieur. Tout le dessous de la gorge, à
partir du menton jusqu'au ventre, est blanc, mais
chaque plume blanche se trouve occupée à son
milieu et à son bord terminal par une écaille
ou œil arrondi d'un vert-doré émeraudin : sur
la gorge et devant le cou, ces yeux sont nettement circonscrits ; ils le sont moins sur le ventre
et sur les flancs. Les couvertures inférieures de la
queue sont d'un marron assez vif, çà et là mar-
queté d'or-vert.

Cette belle espèce habite le Pérou. Les deux
seuls individus que nous connaissions nous ont
été communiqués par M. Canivet. Le premier,
qui nous paraît être l'âge complètement adulte,
est le type de la pl. XXXVI, et le deuxième,
par quelques différences, nous paraît être un
jeune âge. C'est ainsi que le dessus de la tête est
d'un vert plus terne et presque grisâtre, et que
les grandes rectrices sont entièrement brunes
sans trace de bordure blanche sur leur côté externe, que le blanc du corps tire au roux sur le
ventre, et que les taches vert-doré étaient moins
arrêtées sur les flancs. A cela près, les mêmes particularités de détails se représentaient sur l'un et
l'autre individu.

(Pl. XXXVI.)

L'OISEAU-MOUCHE DUMÉRIL,

ADULTE [1].

(*ORNISMYA DUMERILII.* Lesson.)

Cette espèce intéressante d'oiseau-mouche, que nous a communiquée M. Canivet, habite les provinces septentrionales du Chili, et a de grands rapports avec l'Amazili.

L'individu que nous décrivons est long de trois pouces huit lignes, et le bec seul a huit lignes ; les ailes sont élargies, aussi longues que la queue. Celle-ci, longue de quatorze lignes, est ample, presque rectiligne à son sommet. Le bec est droit, d'un jaune vif, excepté la pointe, qui est noire. Les ailes sont gris peu luisant, et nullement brun-pourpré comme chez la plupart des espèces. Les rectrices, pointues et amincies au sommet, sont grises à teintes vert-doré légères et peu décidées.

Tout le dessus du corps est d'un gris-brunâtre

---

[1] *Mâle adulte* (pl. XXXVI) : corps gris, glacé de vert-doré en dessus ; bec jaune vif à pointe noire ; gorge blanche œillée de vert-émeraude ; dessous du corps roux-cannelle ; une large tache blanche sur le bas du cou et le haut de la poitrine. Du Chili.

Pl. 36.

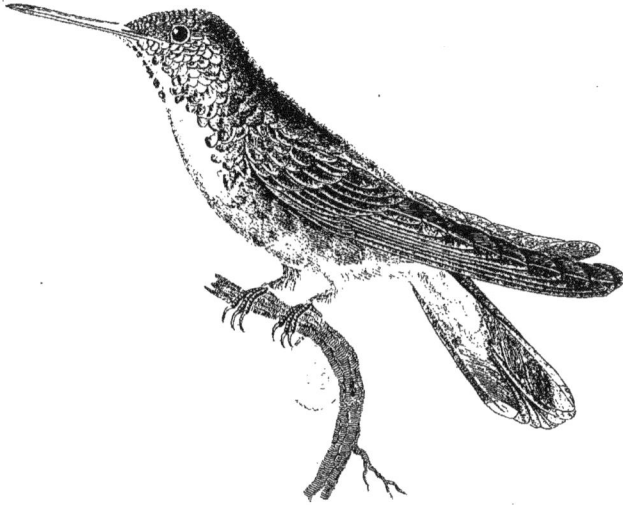

LE DUMÉRIL, Adulte.

Publié par Arthus Bertrand.

Prêtre pinx .

Remond imprest

Teillard sculp.

très finement glacé de vert-doré, mais vert-doré peu apparent, à reflets peu brillans, et passant décidément au gris sur le croupion. Les épaules sont brunâtre-roux.

Le menton, la gorge et les côtés du cou et du thorax, sont garnis de plumes écailleuses d'un vert-doré assez vif, mais entre les squamelles il règne du blanc, interposé entre chaque écaille verte. Une tache ovalaire, occupant tout le devant du cou jusqu'à la poitrine, est d'un blanc pur. La poitrine, les épaules, le ventre et les flancs sont d'une teinte rouille intense. La région anale est blanche, et les couvertures inférieures de la queue, amples et longues, sont neigeuses. La queue en dessous est gris-blond.

L'oiseau-mouche Duméril rappellera aux amis de la science les nombreux travaux du savant dont il porte le nom.

(PL. XXXVII.)

L'OISEAU-MOUCHE PARVULE,

PRESQUE ADULTE [1].

(*ORNISMYA CANIVETII.* Lesson.)

Cet oiseau-mouche, de très petite taille, puisqu'il a au plus trois pouces, nous a été communiqué par M. Canivet, dont il porte le nom, et auquel nous sommes redevables de plusieurs rares et beaux oiseaux décrits dans notre Centurie. Il vit au Brésil, et se distingue de toutes les espèces d'oiseaux-mouches à plumage vert-doré, par sa queue très étagée et fourchue, dépassant à peine les ailes.

Le bec de cet oiseau est court, très droit, légerement renflé en dessous et a moins de sept lignes de longueur. La queue a quatorze lignes; les rectrices qui la composent sont étroites, minces, terminées en pointe un peu obtuse. Les deux moyennes sont courtes, arrondies; les latérales

---

[1] *Mâle presque adulte* (pl. XXXVII) : corps vert-bleu-doré en dessus ; gorge bleu-émeraude; poitrine et ventre vert-bleuâtre ; rectrices brun-bleuâtre terminées de blanc. Du Brésil.

LE PARVULE, Presque adulte.

Publié par Arthus Bertrand.

Prêtre pinx .   *Remond imprex .*   *Teillard sculp.*

sont successivement étagées entre elles jusqu'aux deux externes, qui sont les plus longues. Elles sont, en dessus, d'un brun-bleuâtre à peu près terne, que rend plus remarquable une large tache gris sale qui occupe toute l'extrémité de la rectrice. Le dessous est d'un noir-bleu un peu luisant, où apparaissent quelques reflets vert-doré.

Les ailes sont gris-brun très peu pourpré, falciformes, assez larges, et presque aussi longues que la queue.

Les tarses sont noirs; le bec, rouge à sa base en dessus, puis noir, est jaune en dessous, excepté à la pointe qui est brune.

Le dessus du corps, c'est-à-dire la tête, le cou, le dos, les épaules, le croupion et les couvertures supérieures de la queue, sont d'un vert-bleu-doré très brillant, à reflets émeraudins. Cependant le front est presque en entier gris de cendres.

Des plumes écailleuses gris de cendres sont aussi mêlées au vert-émeraude-doré et du plus vif éclat qui teint la gorge et le devant du cou. Ces plumes grises indiquent que l'oiseau n'est point complètement adulte. La poitrine et le ventre sont du vert-bleu le plus métallisé et le plus brillant, de même que les couvertures inférieures de la queue. La région anale est blanche.

Nous n'avons vu qu'un seul individu adulte de cette jolie espèce, mais la collection de M. Florent Prévost possède les dépouilles de plusieurs jeunes en plumage incomplet.

Pl. 38.

LE PARVULE, Jeune.

Publié par Arthus Bertrand.

Prêtre pinx.   Rémond in cras.ᵗ   Teillard sculp.

(Pl. XXXVIII.)

L'OISEAU-MOUCHE PARVULE, JEUNE[1].

(*ORNISMYA CANIVETII.* Lesson.)

Dans la planche précédente, nous avons fait graver une figure d'oiseau-mouche encore non complètement adulte, mais cependant revêtu d'un plumage qui ne paraît plus susceptible de modification autre que de légères traces de gris à disparaître. Dans celle-ci nous donnerons un portrait du jeune âge, qui nous fournira une connaissance plus complète de l'intéressante espèce qui apparaît pour la première fois dans le domaine ornithologique. Nous avons examiné plusieurs dépouilles de la livrée de jeune âge, en tout semblables les unes aux autres, dans les collections de M. Florent Prévost.

Le jeune Parvule a trois pouces de longueur totale, le bec compris pour un peu moins de sept lignes. Les ailes sont aussi longues que la queue, qu'elles dépassent un peu. Elles sont d'un brun plus bleuâtre que pourpré. La queue est un peu

---

[1] *Mâle jeune* (pl. XXXVIII) : vert-doré très brillant en dessus, gris-cendré en dessous ; des écailles d'un vert teinté de bleu sur le cou en devant et chatoyantes. Du Brésil.

fourchue, composée de rectrices larges, arrondies, et terminées par une pointe anguleuse au sommet, et toutes d'un bleu-indigo métallisé très foncé. Les plus externes ont seulement sur leur bord de larges pointes de rouille. Les tarses sont jaunes et les ongles noirs. Le bec a la mandibule supérieure brune, l'inférieure cornée.

Un vert frais, brillant et très doré, teint la tête, le cou, les épaules, le dos et le croupion; mais à ce vert se joint de très petites lignes rousses, dues à ce que chaque plume verte-émeraudine est frangée de roux. Les couvertures supérieures de la queue sont d'un vert-bleu très suave.

Le dessous du corps est d'un gris-roussâtre uniforme, seulement des parcelles de vert-doré s'y mêlent sur les côtés du cou et sur les flancs. La région anale est blanche, et les couvertures inférieures sont vertes, frangées assez largement de gris.

Le devant du cou, à partir de la gorge jusqu'au haut du thorax, est recouvert par un large trait formé de plumes écailleuses très vivement métallisées, qui tranche sur le gris mat du dessous du corps par des reflets vert-bleu très scintillant. Cet oiseau habite le Brésil.

A.

OISEAU-MOUCHE HIRONDELLE, Livrée parfaite.

A. Première Rémige isolée.

Publié par Arthus Bertrand.

Bévalet pinx.   Rémond imprer.   Teillard sculp.

(Pl. XXXIX et dernière.)

LE CAMPYLOPTÈRE HIRONDELLE,

COMPLÈTEMENT ADULTE [1].

(*ORNISMYA HIRUNDINACEA*. Lesson.)

La figure que nous avons publiée de l'oiseau-mouche Hirondelle, pl. XXV de notre premier volume, laisse trop à désirer pour que nous n'en reproduisions pas un type plus complet et plus adulte. Nous aurons d'ailleurs à rectifier notre description, car cette espèce appartient au sous-genre campyloptère par l'élargissement des baguettes de ses rémiges. Nous renvoyons, pour la synonymie, à ce que nous en avons déjà dit (p. xij et 98 des *Oiseaux-Mouches*), en ajoutant que M. Vieillot en avait fait faire un portrait sous le nom de *Trochilus macrourus,* dans la pl. XIV du tome III inédit de ses *Oiseaux dorés.*

L'individu que nous décrivons a sept pouces de longueur totale, et, dans ces dimensions, le bec entre pour dix à onze lignes et la queue

---

[1] *Mâle complètement adulte* (pl. XXXIX) : tête et cou noir-bleu-azur très brillant; dos et ventre vert à reflets d'acier; queue très profondément fourchue, bleu d'acier. De la Guiane, du Brésil.

12.

pour trois pouces dix lignes. Celle-ci est profondément fourchue, composée de rectrices, d'autant plus larges, qu'elles sont plus intérieures,
et qui s'amincissent graduellement, mais en lame
triangulaire. Les barbes internes sont très longues, tandis que les externes forment une rangée
très courte. Ses rectrices sont d'un noir à reflets
bleus en dessus, et d'un bleu d'acier très luisant
en dessous. Les couvertures supérieures de la
queue sont bleu-irisé de cuivre rouge, tandis
que les inférieures sont d'un beau bleu de fer
spéculaire chatoyant en vert.

Les ailes sont beaucoup plus élargies que chez
la plupart des espèces, et dépassent par leur extrémité le tiers supérieur de la queue. Leurs rémiges sont larges, très recourbées, successivement étagées, mais les internes sont plus longues
que chez la plupart des espèces. Les baguettes
des trois premières sont aplaties, élargies et coudées; mais la tige de la première est surtout considérablement renforcée à partir de sa naissance
jusqu'à son milieu; cette partie, élargie et solide,
est convexe, lisse en dessus, colorée et brunâtre, tandis qu'en dessous elle est aplatie et
creusée par un sillon qui semble la diviser en
deux portions. La couleur générale des ailes est
un brun clair légèrement pourpré.

Le bec et les tarses sont noirs. Les bords des

mandibules sont lisses, et les deux lamelles de
la bifurcation de la langue sont larges, mem-
braneuses, et couvertes à leur sommet de papilles très développées. Cet organe annonce une
grande perfection de gustation dans cet oiseau-
mouche. Ces papilles sont longues, pectinées et
rangées avec symétrie sur le bord mince de la
lamelle linguale.

La tête, le cou, jusqu'à la poitrine, sont d'un
bleu-violet des plus éclatans, mais souvent paraissent noirs, parce que chaque plume de ces
parties est noir-mat à la base et bleu-violet seulement au sommet. Les épaules, le dos et le croupion sont brun-vert-doré à reflets bleu d'acier.
Le ventre, les flancs, le bas de la poitrine et les
couvertures inférieures, sont d'un vert-bleu très
brillant. Les plumes de la région anale et les tibiales sont d'un blanc pur.

L'oiseau-mouche Hirondelle, devenu assez
commun dans les collections, habite le Brésil, et
aussi, dit-on, la Guiane. L'individu que nous
avons fait figurer nous a été communiqué par
M. Bévalet.

POST-SCRIPTUM.

Mars, 1831.

Nous extrairons de l'ouvrage de l'Anglais Beul-
loch, intitulé : *le Mexique en 1823*, ou *Relation
d'un voyage dans la Nouvelle-Espagne* [1], les détails les plus neufs et les plus curieux sur l'histoire naturelle des oiseaux-mouches. C'est M. Beul-
loch qui parle.

« Aucun sujet de l'histoire naturelle, depuis la
découverte de Colomb, n'a excité plus d'admiration que le petit favori de la nature, qui, avant
ce temps, était inconnu dans l'Ancien-Monde.
Quoiqu'il abonde principalement dans les régions
chaudes, il est cependant répandu dans toutes
les parties de l'Amérique et de ces îles, sous presque tous les climats; car on le trouve pendant
les mois d'été jusque vers la baie d'Hudson et
dans tout le Canada. Le capitaine Cook en a rapporté de beaux individus de la baie de Nootka,
et j'y ajoute maintenant plusieurs espèces nouvelles du plateau tempéré du Mexique et des bois

---

[1] Traduction française, 2 vol. in-8°, Paris, 1824, Chapitre xx,
pag. 254.

dans le voisinage des montagnes neigeuses d'Ori-
zaba, Popocatepet, etc.

« On peut affirmer, sans crainte d'être contredit, que la nature, si féconde et si variée dans
ses productions zoologiques, n'offre aucune famille qui puisse être comparée, par l'élégance
des formes, le brillant des couleurs, le nombre
et la variété des espèces, avec celle-ci, la plus petite des races emplumées. Dans mon ancienne
collection, les espèces montaient à plus de cent,
et tous les jours on en découvre quelques-unes
de plus. A la Jamaïque, je me suis procuré la plus
petite des variétés connues, dont la dimension
est beaucoup au dessous de celle de l'abeille ; et
au Mexique j'ai recueilli plusieurs nouvelles espèces dont les couleurs éclatantes brillent d'un
lustre qui n'est surpassé par aucune de celles qui
nous étaient déjà connues.

« Comme l'histoire naturelle et les mœurs des
nombreuses espèces qui composent cette singulière petite famille ne sont que peu connues, je
l'ai observée avec toute l'attention dont je suis
capable, afin de remplir quelques-unes des lacunes qui restent dans les descriptions qu'on en
a données. La première de ces petites créatures
que j'aie jamais vue vivante était dans la cour de
la maison de M. Miller, à Kingston, de la Jamaïque. Il s'était établi sur une maîtresse branche

d'un tamarin qui était planté fort près de la maison, et couvrait de son ombre une partie de la cour. Là, sans s'inquiéter du grand nombre de personnes qui passaient continuellement à peu de verges de lui, il restait paisible presque toute la journée. Il n'y avait sur l'arbre qu'un petit nombre de fleurs, et ce n'était pas la saison de la couvée; cependant l'oiseau gardait obstinément la possession de ce domaine, et sitôt qu'un autre oiseau, même dix fois plus gros que lui, s'en approchait, il l'attaquait avec fureur, et, après l'avoir chassé, revenait toujours à la place qu'il avait coutume d'occuper, que l'on voyait dépourvue de feuilles dans l'espace d'environ trois pouces où l'oiseau-mouche perchait constamment. Je me suis souvent approché assez près de lui, observant avec délices ses petites opérations de toilette quand il rangeait et huilait ses plumes, en prêtant l'oreille à ses notes faibles, simples et souvent répétées. J'aurais pu le prendre bien facilement; mais je ne voulais point détruire un si intéressant visiteur, et qui m'avait donné tant de plaisir. Dans mes excursions aux environs de Kingston, je m'en procurai plusieurs de la même espèce et de ceux à longue queue noire, et quelques autres, spécialement celui que j'ai mentionné comme le plus petit que l'on ait encore décrit et qui a la plus belle voix de tous.

« Je passai plusieurs heures agréables dans l'emplacement autrefois occupé par le jardin botanique de la Jamaïque, et, sous les arbres divers qui croissent à une hauteur prodigieuse, je vis quantité d'oiseaux curieux, parmi lesquels celui-ci était perché sur les plus hautes branches du chou-palmiste. Il faisait entendre son petit ramage plaintif au milieu du plus extraordinaire assemblage de belles plantes exotiques et indigènes, et d'arbres natifs de l'île et étrangers, sur un sol jadis l'orgueil de la Jamaïque, qui n'est maintenant qu'une solitude abandonnée. Comme je l'ai remarqué, les individus de cette charmante famille sont dispersés à travers tout le Continent américain et ses îles, chaque canton et chaque île produisant ses espèces particulières. Près de Kingston je n'en trouvai que quatre, toutes connues des naturalistes. Mais au Mexique, elles sont extrêmement nombreuses, et la plupart nouvelles ou non décrites. A mon arrivée, il était difficile d'en trouver un seul dans les environs de la capitale ; mais dans les mois de mai et de juin, ils se montraient en quantité au jardin botanique, dans le centre de la ville ; et, pour une légère récompense, des Indiens m'en apportèrent plusieurs vivans. J'en avais à peu près soixante-dix en cage, que je conservai pendant quelques semaines à force d'attentions et de soins ; et, si d'autres occupations ne m'avaient détourné de ces soins nécessaires, je ne doute point qu'il m'eût été possible de les apporter vivans en Europe. Ce qu'on raconte de leur fierté farouche et de leur désespoir quand ils sont pris, qui leur fait frapper la tête jusqu'à se tuer contre les barreaux de leur cage, n'est pas réel : aucun oiseau ne s'accommode plus vite de sa nouvelle situation. Il est vrai qu'ils plient rarement leurs ailes ; mais on ne les voit jamais se frapper contre la cage ni contre les vitres. Ils restent comme suspendus en l'air dans un espace seulement suffisant pour mouvoir leurs ailes, et l'espèce de bourdonnement qu'ils font entendre provient entièrement de la surprenante vélocité avec laquelle ils exécutent le mouvement imperceptible par lequel ils se soutiennent pendant plusieurs heures de suite. Dans chaque cage j'avais placé une petite coupe de terre remplie d'eau et de sucre mêlés en consistance de sirop léger, dans lequel trempaient diverses fleurs, principalement la corolle jaune en forme de cloche, du grand aloës, dont le pédoncule proche de la tige étant coupé, permettait au liquide de pencher dans la fleur où le petit prisonnier plongeait à tout moment sa langue fourchue et longue, et la retirait chargée de sucs. Cette action, de même que toutes celles des oiseaux-mouches, se faisait en général en volant ; mais quelquefois ils descendaient sur la fleur, et, perchés sur les bords des pétales, ils pompaient le liquide mucilagineux.

« Il est probable que ces animaux vivent d'insectes, du moins je me suis assuré qu'un grand nombre se nourrit de cette manière en les observant attentivement dans le jardin botanique de Mexico, lorsqu'ils poursuivaient leurs petites proies, et dans le jardin de la maison où je demeurais à Themascaltepec : là je vis un oiseau-mouche prendre possesion d'un grenadier pendant une journée entière, et attraper tous les petits papillons qui venaient sur les fleurs.

« Les naturalistes ont été dans l'erreur quand ils ont affirmé que ces oiseaux vivent entièrement de la substance saccharine contenue dans les fleurs, car je les ai vus très souvent prendre des mouches et d'autres insectes au vol; et en les disséquant, j'en ai trouvé dans leur estomac.

« Il est certain qu'en leur fournissant une quantité suffisante de cette nourriture, du sirop et du miel, on pourrait les conserver dans de grandes cages; celles avec lesquelles j'ai fait mon expérience étaient trop petites.

« Quoique, de même que le rouge-gorge et d'autres oiseaux d'Europe, ils soient, dans l'état de nature, extrêmement tenaces pour empêcher que les individus, même de leur espèce, ne s'intro-

duisent dans leurs domaines, lorsqu'ils étaient
en captivité et que l'on enfermait avec eux des
oiseaux de différentes sortes, je n'ai jamais observé qu'ils fussent disposés à quereller, mais
j'ai vu les plus petits prendre des libertés sur-
prenantes avec ceux qui avaient quatre ou cinq
fois leur volume. Par exemple, quand la perche
était occupée par l'oiseau-mouche à gorge-bleue,
le Mexicain étoilé, véritable nain en comparaison
du premier, s'établissait sur le long bec de celui-ci
et y demeurait pendant plusieurs minutes, sans
que son compagnon parut s'offenser de cette fa-
miliarité.

« La maison dans laquelle je résidai pendant
quelques semaines, à Xalapa, lors de mon retour
à la Vera-Crux, n'avait qu'un étage ; et, comme
la plupart des maisons espagnoles, elle entourait
un petit jardin et le toit avançant de six ou sept
pieds au de là du mur, couvrait un chemin qui
régnait tout le long de la maison, en laissant un
très petit espace entre les arbres qui croissaient
au milieu du jardin, et les tuiles. Des araignées
avaient filé des toiles innombrables (qui s'éten-
daient du bord des tuiles jusqu'aux arbres) si
compactes qu'elles avaient l'apparence d'un nid.
J'ai observé maintes fois, avec un extrême plaisir,
les pèlerinages de l'oiseau-mouche à travers ces
abyrinthes et l'air de précaution avec lequel il

s'enfonçait entre les toiles en cherchant à se saisir des mouches qui y étaient enveloppées. Cependant, comme les grosses araignées ne cédaient point leur butin sans combat, l'envahisseur se trouvait souvent forcé à la retraite. La proximité où j'étais du théâtre de ces évolutions me permettait de les examiner avec la plus grande exactitude. L'oiseau agile faisait une ou deux fois le tour de la cour en volant, comme pour reconnaître son terrain, puis il commençait son attaque en se glissant doucement sous les rêts de l'insecte rusé, et saisissant par surprise les plus petites mouches prises ou celles qui s'étaient le plus affaiblies en se débattant. Mais en remontant les trappes angulaires de l'araignée, il fallait qu'il usât de beaucoup de prudence et de dextérité. Souvent il avait à peine l'espace nécessaire pour le mouvement de ses petites ailes, et la moindre déviation aurait pu l'envelopper lui-même dans les piéges de la machine compliquée et causer sa perte. Il n'osait envahir ainsi que les travaux des petites araignées, car les grosses se mettaient en devoir de défendre leur petite citadelle; quand l'assiégeant fondait sur elle, comme un rayon du soleil, sa trace ne pouvait être distinguée que par la réflexion lumineuse de ses brillantes couleurs. L'oiseau employait généralement dix minutes à son excursion, ensuite il allait se reposer

sur les branches d'un avocatier, présentant au soleil sa poitrine rouge étoilée qui brillait alors de
tout le feu des rubis et surpassait en éclat les
diadèmes des monarques de l'Europe, pour lesquels les restes *empaillés* de ces petits diamans-
plumes, tels qu'on les voit dans les musées, sont
des objets d'admiration. Toutefois, ceux qui ont
pu les contempler vivans, déployant au soleil
leurs jolies huppes mouvantes, les plumes du
cou et leur queue, à la manière des paons, ne
pourraient les regarder avec plaisir sous leurs
formes mutilées. J'en ai préparé environ deux
cents exemplaires avec tout le soin possible, cependant ce ne sont que des ombres de ce qu'ils
étaient en vie. La raison en est évidente. Les
côtés des lames ou fibres de chaque plume étant
d'une couleur différente de celle de la surface,
changent quand elles sont vues dans une direction oblique ou de face; et comme chaque lame
tourne sur l'axe du tuyau de la plume, le moindre mouvement de l'oiseau vivant produit des
variations dans les couleurs et présente subite-
ment les teintes les plus opposées. Ainsi, l'oiseau-
mouche de Nootka change la couleur de sa gorge
quand il ouvre ses plumes de l'orange le plus
vif en vert tendre : l'oiseau-mouche à gorge de
topaze fait la même chose, et le Mexicain étoilé
passe du cramoisi brillant au bleu.

« Les deux sexes, dans plusieurs espèces, ont un plumage très différent, à tel point qu'il est très difficile de les reconnaître. Le mâle et la femelle du Mexicain étoilé n'auraient pu être connus si on ne les avait vus constamment ensemble, et si la dissection n'avait prouvé qu'ils étaient en effet de la même espèce. Ils couvent au Mexique en juin et juillet, et leur nid est un bel exemple du talent architectural de ces oiseaux ; il est construit avec du coton ou le duvet des chardons, auquel est fixé à l'extérieur, par le moyen de quelque substance glutineuse, un lichen blanc et plat assez semblable au nôtre.

« La femelle pond deux œufs parfaitement blancs et très gros, en proportion de la dimension de son corps. Les Indiens m'ont dit que ces œufs étaient couvés trois semaines par le mâle et la femelle alternativement. Pendant qu'ils élèvent leurs petits, ils attaquent indistinctement tous les oiseaux qui approchent de leur nid. Quand ils sont sous l'influence de la colère ou de la crainte, leurs mouvemens sont très violens et l'œil ne peut suivre leur vol aussi rapide qu'une flèche. L'on entend quelquefois le son perçant du battement de leurs ailes, sans apercevoir l'oiseau ; et cette vélocité les conduit à leur perte en annonçant leur approche. Ils attaquent les yeux des autres oiseaux, et leur bec, pointu comme une aiguille, est une arme vraiment dangereuse. La jalousie en fait de véritables petites furies; leur gosier s'enfle, leur huppe, leur queue, leurs ailes s'étendent; ils se combattent en l'air avec acharnement, en poussant une sorte de son aigu, jusqu'à ce que l'un des rivaux gise exténué sur la terre. J'ai été témoin d'un combat semblable près d'Octumba, pendant qu'il tombait une pluie, dont chaque goutte me semblait capable de terrasser les petits guerriers.

« Pour dormir ils se pendent souvent par les pieds, la tête en bas, à la manière de certains perroquets.

« Ces oiseaux étaient les favoris des anciens Mexicains. Leurs plumes servaient d'ornemens pour les superbes manteaux du temps de Montézuma, et à faire les peintures en broderies tant vantées par Cortès. Leur nom signifie, dans la langue primitive du pays, *rayons ou cheveux du soleil;* les dames indiennes en font encore une sorte de parure pour les oreilles. »

FIN DU SUPPLÉMENT DES OISEAUX-MOUCHES.

TABLE NOMINALE

DES COLIBRIS

DÉCRITS ET FIGURÉS DANS CE VOLUME.

FIN DE LA TABLE DES COLIBRIS.

TABLE NOMINALE

DES OISEAUX-MOUCHES

DÉCRITS ET FIGURÉS DANS LE SUPPLÉMENT.

FIN DE LA TABLE DU SUPPLÉMENT AUX OISEAUX-MOUCHES.

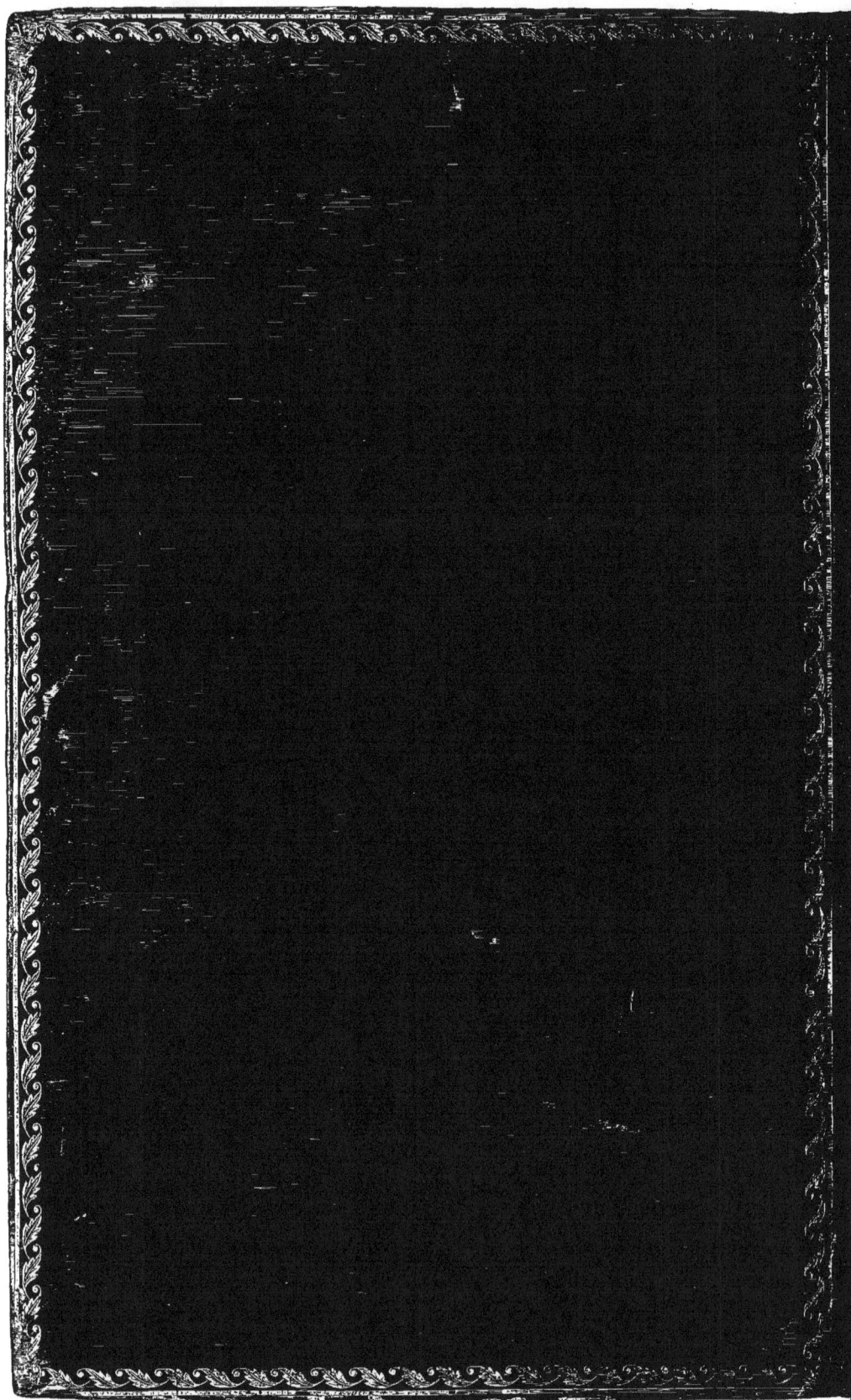